水处理实验技术实验指导书

Shuichuli Shiyan Jishu Shiyan Zhidaoshu

李 宝 邱继彩 主 编

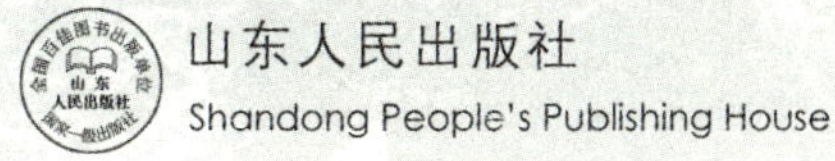

《水处理实验技术实验指导书》　编委会

主　编：李　宝　邱继彩

编　委：梁仁君　孙爱德　宫少燕

秦鹏飞　马宏卿　胡向辉

前　言

环境科学中水污染控制技术飞速发展，目前形成的较典型的二级处理工艺有传统活性污泥法、AB 法、A/O 工艺、A^2/O 工艺、氧化沟工艺、ICEAS 工艺、CASS 工艺、SBR 工艺、BIOLAK 工艺等。新的技术不断涌现，对水污染控制实验的教学内容和要求不断提高，尤其对培养学生的动手能力和创新能力提出更高的要求。因此，我们结合实验室现有仪器设备的更新和教学实践，编写了《水处理实验技术实验指导书》。

本书分为六部分：第一部分为实验基本技能；第二部分为水环境理论基础实验，包括污水的可生化性实验、曝气充氧能力测定、沉淀实验等；第三部分为单元水处理构筑物实验，包括气浮、沉淀、电渗析、过滤、吸附等实验；第四部分为污水处理流程实验，包括氧化沟、SBR、UASB、生物接触氧化、工业污水自动控制等实验；第五部分为实验仿真系统；第六部分简述了实验工程实例。本书共设 16 个实验项目和 6 个仿真实验项目，每个实验项目包括实验目的、实验原理、实验仪器或装置、试剂、实验步骤、实验结果等。每个实验力求科学实用、简单易行，同时注重综合性、开放性实验在实验教学中的发展和应用，注重培养大学生的自主创新能力。

本书可作为高等院校环境工程专业、环境科学专业、自然地理与资源环境专业、化学工程专业及其他相关专业的实验教学用书，科研院所等设计管理人员也可参考。本专科不同层次的学生可根据具体情况有选择地进行学习。

由于作者水平有限，疏漏和不妥之处在所难免，恳切希望读者批评指正。

编　者

2016 年 8 月

CONTENTS | 目 录

CHAPTER 1　第一章

实验基本技能

第一节　实验基本操作

化学实验基本操作是进行化学实验时必须掌握的基本技能。例如，常用化学仪器的洗涤、安装和使用，化学试剂的取用、称量，加热、过滤、蒸发、集气和溶液配制等一系列操作方法，以及书写实验报告等。

一、玻璃仪器的洗涤

玻璃仪器内任何一点沾污，都可能影响到实验结果。因此，玻璃仪器要始终保持干燥洁净，每次实验前要检查是否洁净，实验后要及时清洗、晾干。对一般实验来说，要求玻璃仪器洗涤后，其内壁附着的水很均匀，既不聚成水滴，也不成股流下，晾干后不留水痕即可。在洗涤之前要先了解仪器被什么污物所污染，再决定采用相应的洗涤方法。仪器用毕应立即清洗，一般可依照倾去废物—冷却—用水冲洗—刷洗—用水冲洗的顺序进行。如果仪器内壁附着不易涮掉的物质，要使用试管刷（或烧瓶刷）。使用试管刷在盛水的试管里转动或上下移动时，不可用力过猛，以防戳破管底，最好是选准手指捏持试管刷柄的部位，以试管刷的铁丝端碰不到管底为度。

若仪器内壁附着不溶于水的碱、碳酸盐、碱性氧化物等物质，可先用少量稀盐酸溶解，再反复用水冲洗。若附着少量油污，就会挂附水珠，可用适宜的刷子蘸少量洗衣粉（或洗洁精）刷洗，刷净后再反复用水冲洗。

洗净的仪器可倒置在不被碰撞的地方（如将试管倒插在试管架上），晾干备用。

二、试剂的取用

（一）取用试剂的一般操作规则

（1）不能用手或不洁净的用具接触试剂。

（2）瓶塞、药匙、滴管都不得相互串用。

（3）每次取用试剂后都应立即盖好试剂瓶瓶盖，并把瓶子放回原处，使瓶上标签朝外。

（4）取用试剂应当是用多少取多少。取出的多余试剂不得倒回原试剂瓶，以防污染整瓶试剂！对确认可以再用（或派做他用）的试剂，要另用清洁容器回收。

（5）取用试剂时，转移的次数越少越好（减少中间污染）。

（6）不准品尝试剂（教师指定者除外）！不要把鼻孔凑到容器口去闻试剂的气味，只能用手将试剂挥发物轻轻扇至鼻处，嗅不到气味时可离容器口近些再轻扇，防止受气体强烈刺激或中毒！

（二）固体试剂的取用

1. 取用小颗粒或粉末状试剂

可使用药匙。药匙的两端分别为大小两匙，取少量试剂时可利用小匙。往试管里装入粉末状固体时，应先将试管平斜，把盛有试剂的药匙小心地送入试管底部，然后翻转药匙并使试管直立，试剂即可全部落到底部。药匙用毕要立即用洁净的纸擦拭干净。

2. 往试管（或烧瓶）中装入粉末状试剂

为了避免粉末沾在管口和管壁上，可把粉末平铺在用小的纸条折叠成的纸槽中，再把纸条平伸入试管中，直立试管后轻轻抖动，试剂将顺利地落到试管底部。

3. 取用块状试剂

可用洁净干燥的镊子夹取。将块状试剂放入玻璃容器（如试管、烧瓶等）时，应先把容器平放，把块状试剂放入容器口后缓缓地竖立容器，使块状试剂沿器壁滑到容器底部，以免把玻璃容器底砸破。

（三）液体试剂的取用

1. 倾注液体

液体试剂通常都盛在细口试剂瓶中，取用时先打开瓶塞（如瓶塞上沾有液体，应在瓶口处轻轻地刮掉），随手将瓶塞倒放在台面上。握住瓶子倾倒时，要注意使瓶上的标签正对掌心，这样倾倒过程中万一有液滴淌下，不至于污染或腐蚀标签。

当从试剂瓶直接往小口容器（如试管或其他细口瓶等）中倾注液体时，应使试剂瓶瓶口边缘与受器内口的边缘相抵，缓缓倾倒。当往试管中注入液体时，应以拇指与食指、中指相对捏住试管上部近口处，以便于控制管口位置和观察液体的注入量。倾注完毕时，试剂瓶口上剩下的最后一滴，不应让它淌在瓶子的外壁上，要随手用受器的内口边缘、玻璃棒或原瓶塞把液滴轻轻刮掉。

当往小口容器内转移液体时，也可以借助漏斗。往烧杯（或其他大口容器）中倾倒液体时，可用玻璃棒引流。

2. 用滴管转移液体

转移少量液体或逐滴滴加液体时，都可使用滴管。滴管可以是自制的或滴瓶上所附专用的。使用时，先用拇指、食指捏瘪橡胶乳头，赶出滴管中的空气（视所需吸入液体多少，决定捏瘪的程度），然后把滴管伸入液面以下，再轻轻放开手指，液体遂被吸入。

用滴管往容器中转移液体时，根据需要，接受的容器可直立或稍微倾斜，但滴管必须垂立于容器口的上方，其尖嘴不得接触容器壁，然后轻捏胶头使液体缓缓地逐滴滴入。如受器倾斜，液滴可沿器壁自然淌下而避免迸溅。

使用滴管时，未经洗净，不准连续吸取不同液体。不许把滴管平放在台面上（应插在专用的试管或烧杯中），以防沾污。滴管用毕要及时洗净，洗净的方法是挤净液体后，反复吸、射蒸馏水。

每次用滴管吸入的液体量以不超过管长的 2/3 为宜，吸液后的滴管不准平持，更不准将尖嘴向上倾斜。滴管的胶头内如果吸入液体，必须摘下来反复冲洗，晾干后装上再用。

滴瓶上的滴管用毕，应立即插回原瓶（不须清洗）。滴瓶上的滴管是原装磨口配套的，即使洗净后也不能串换。

3. 对浓酸、浓碱腐蚀的防护

在使用浓酸、浓碱等强腐蚀性试剂时，要特别小心，防止皮肤或衣物等被腐蚀。

(1) 氢氧化钠或氢氧化钾等浓碱液万一溅到皮肤上，应先用大量水冲洗，然后用2%～3%硼酸溶液冲洗。若浓碱液流到实验台上，立即用湿抹布擦净，再用水冲洗抹布。沾在衣服上的浓碱液，也要立即用水冲洗。

(2) 若硫酸、硝酸、盐酸等沾到皮肤（或衣物）上，应立即用大量水冲洗，然后用3%～5%碳酸氢钠水溶液冲洗。如皮肤沾到较大量的浓硫酸，不宜先用水冲（以免烫伤），可迅速用干布或脱脂棉拭去，再用大量水冲洗。

(3) 万一眼睛里溅进了酸或碱液，要立即用水冲洗，千万不要用手揉眼睛！洗时要不断眨眼睛，并及时请医生治疗。

4. 液体的定量量取

取用一定量的液体，一般可用量筒，选用量筒的规格视所量液体体积大小而定。量筒的标称容量越大，其分度值越大，则精度越低；容量越小，其分度值越小，则精度越高。

量液时量筒应放平稳，观察和读取刻度时，视线要跟量筒内液体凹液面的最低处保持水平，仰视或俯视都会造成读数误差。

使用小容量筒量取一定量液体时，当注入液体量接近所需容积刻度线时，应改用一洁净滴管将液体滴至所需刻度。

(四) 托盘天平的使用

托盘天平的结构、原理和使用方法在物理课上已经学习过，因为它是实验中不可缺少的称量仪器，故仍应反复练习。

1. 托盘天平的校准

称量前要把天平摆平，把游码放在游码标尺的零位上。天平空载时，观察指针是否停在分度盘中间的位置（或指针两边摆动的格数相等），如不平衡可以调整调节零点的平衡螺母。若指针在分度盘左右两边摆动的格数接近相等，即可开始称量。

2. 称量

将被称物体放在左盘，砝码放在右盘，10 g（或 5 g）以下可使用游码。加减砝码和拨动游码要使用镊子。加砝码时，应由大到小依次增减（砝码应有序地排放在天平盘内），再拨动游码直到天平平衡点与零点重合（允许偏差在一小格之内）。这时砝码和游码所示质量之和，就是被称物体的质量。

3. 使用注意事项

所有被称物质，特别是化学试剂，不能直接放在托盘上，一般可放在纸片上或表面皿里（纸片或表面皿应事先称量，或在两边托盘上各放等质量的纸片或表面皿）；潮湿、易潮解或腐蚀性强的试剂，应放在已知质量的玻璃容器里称量。

热的物体不仅可损坏天平盘，还能使托盘四周空气对流，影响正常操作，因此不能称量热的物体。

称量完毕，应把砝码依次放回砝码盒内，把游码拨回零位，把天平托盘用软毛刷清扫干净。

三、物质的加热

（一）酒精灯的构造、性能和使用方法

在化学实验中，酒精灯是最常用的加热工具。它由灯体、陶瓷灯芯管和灯帽三部分组成。酒精通过一束灯芯线靠毛细作用汲上，点燃后产生火焰，其最高温度可达 800℃。

酒精为易燃液体，使用酒精灯时应注意安全问题。

（1）使用前，先要检查一下灯芯。如果灯芯顶端不平或已烧焦，要剪去少许，然后用镊子调整灯芯：灯芯露头多则火焰大，反之则火焰小，可根据实验需要加以调整。

（2）向灯里添加酒精要使用漏斗。酒精量不得超过灯身容积的 2/3，以防受热时酒精膨胀外溢，但也不宜少于 1/4，否则灯里容易充满酒精蒸汽和空气的混合物，点燃酒精灯时可能引起爆炸。绝对禁止往燃着的酒精灯里添加酒精。

（3）点燃酒精灯只能用火柴或其他引燃物，绝对禁止用燃着的酒精灯对点，以免酒精流出而引起失火。

（4）熄灭酒精灯不可用嘴吹，以免引起灯内酒精蒸汽燃烧或爆炸（一般灯芯管与灯口之间都有间隙），只能用灯帽盖灭。

（5）酒精灯不用时，必须将灯帽盖好，否则，酒精蒸发，灯内酒精所含水分相对增多，再使用时不易点燃，而且浪费酒精。

（二）给物质加热

给物质加热时，应根据物质的性质、实验的目的和要求来选择容器，一般常用的有试管、烧杯、烧瓶等。

1. 用试管加热

用酒精灯火焰直接给盛有少量固体或液体试剂的试管加热，是实验中最常用的基本操作。加热时，应充分使用外焰（那里的温度最高），不要使受热的试管跟灯芯接触，以免因局部受冷而炸裂。

给试管加热时，必须使用试管夹。夹持试管时，将张开的试管夹从试管底部往上套，不许从管口开始套，以防试管夹上带有的污物落入试管中。试管夹应夹在靠近试管口的中上部，手应握住试管夹的长柄，切忌把拇指按在短柄上，以防不慎用力使试管脱落。

给试管加热之初，试管应先在火焰上移动（如实验时试管需要固定，则可缓缓移动酒精灯），待试管受热均匀后，才能将火焰固定在需要加热的部位。

用试管给液体加热时，还应注意液体体积不宜超过试管容积的1/3。加热时试管宜倾斜，约与台面成45°角，先使试管均匀受热，然后可集中火力于液体的中部，并不停地上下移动（或左右轻轻摆动）试管，以防液体局部过热而暴沸！为了避免管内液体沸腾迸溅而伤人，给液体加热时试管口切不可对着自己和临近的旁人。

2. 用烧杯、烧瓶加热

为了加速物质的溶解、反应或促进溶剂蒸发，实验室中加热较多量液体时常使用烧杯，蒸馏或加热液体以制取气体时常使用烧瓶。一般给它们加热时，都要垫上石棉网，使之受热均匀。石棉网放置在铁架台的铁圈上，如使用烧瓶，还要用铁夹夹住瓶颈。如果被加热的玻璃容器外壁附有水珠，则应在加热前拭干。

3. 用电热套加热

电热套是实验室通用加热仪器的一种，由无碱玻璃纤维和金属加热丝编制的半球形加热内套和控制电路组成，多用于玻璃容器的精确控温加热。电热套具有升温快、温度高、操作简便、经久耐用的特点，是做精确控温加热实验的最理想仪器。

电热套主要分 5 类：

（1）电子调温电热套：电压表调节温度。

（2）恒温数显电热套：数显表调节和显示温度。

（3）数显搅拌电热套：数显表调节和显示温度，并带搅拌功能。

（4）调温搅拌电热套：电压表调节温度，并带搅拌功能。

（5）微电脑电热套：控制电路采用微电脑控制，控温更加精确。

4. 使用电热套注意事项

（1）仪器应有良好的接地。

（2）第一次使用时，套内有白烟和异味冒出，颜色由白色变为褐色再变成白色属于正常现象，因玻璃纤维在生产过程中含有油质及其他化合物。应将电热套放在通风处，数分钟白烟和异味消失后即可正常使用。

（3）使用 3 000 mL 以上电热套时有“吱吱”响声是炉丝结构不同及与可控硅调压脉冲信号有关，可放心使用。

（4）液体溢入套内时，请迅速关闭电源，将电热套放在通风处，待干燥后方可使用，以免漏电或电器短路发生危险。

（5）长期不用时，请将电热套放在干燥、无腐蚀气体处保存。

（6）请不要空套取暖或干烧。

（7）环境湿度相对过大时，可能会有感应电透过保温层传至外壳，请务必接地线，并注意通风。

四、仪器的装配

化学实验中常需要把多件仪器按一定的要求组装配套，组装的基本要求是科学、安全、方便、美观。组装时既要遵循一定程序，又要灵活设计。

（一）仪器和零部件的连接

1. 玻璃管跟胶皮管的连接

首先，选用玻璃管的管口必须事先用火灼熔过，以去掉其锋利的断口。

选用内径稍小于玻璃管外径的胶皮管，在管端蘸点水加以湿润，或用嘴哈气使胶皮管口内壁微潮并温软，两手分别捏住两管口的近端，将胶皮管缓缓套入，套入的长短以严密、牢固为度。

2. 玻璃管插入带孔的橡皮塞

首先选用与容器口配套的橡皮塞。左手拿橡皮塞，右手拿玻璃管靠近要插入塞子的一端，先将管端蘸点水加以湿润，拇指、食指微微用力，将玻璃管慢慢转入塞孔。注意，切不可使着力点离塞太远，也不要猛力直插，尤其是往弯管上装橡皮塞时，玻璃管上的着力点只能落在靠近塞子的直管部位，千万不要只图拿着方便，否则易扭断弯管造成手被割伤。

3. 橡皮塞的安装

先选好大小适宜的塞子（一般以塞子能进入容器口 1/2 左右为宜）。塞塞子时，以左手握稳容器（如试管、烧瓶等）的颈部，右手拿住橡皮塞（或事先装好玻璃导管的橡皮塞），边塞边转动，直至严密为度。

（二）仪器的安装与拆卸

铁架台的杆一般放在仪器的后边，有时为了操作方便，也可以放在仪器的左边或右边，但无论如何都必须使所承受的仪器的重心落在铁架台座的中心部位。固定仪器的铁夹有大有小，一般应选择与仪器大小相适应的。夹子的松紧要适当，以刚好将仪器固定为度。夹持的部位应靠近容器口。夹持较大容器（如烧瓶）时，其底部应有支撑物，如台面、铁圈或三脚架上的石棉网等。

安装多件仪器的组合时，要了解实验的目的、方法、步骤，了解各种仪器的性能结构和各部件之间的相互关系。组装时先按要求配好管、塞，然后由低到高，按反应流程从反应器到接受器依次连接（一般是从左到右）。在连接前和连接时应适当调整其高度。组装后检查仪器组装得是否牢稳、合理、美观。只有在检查气密性之后，才允许往仪器中添加试剂。

拆卸仪器时，一般先拆开各仪器间的连接导管，然后由后往前、由高到低依次拆卸，特殊情况可灵活处理。总的原则是不能违反仪器自身的性能和使用规则。

（三）装置的气密性检查

仪器装好后，在放入试剂前先要检查是否漏气。出现漏气现象，会导致实验失败，甚至会发生危险。

当全套仪器只有一个导管出口时，可把导管口没入水中，然后用手（或热毛巾）包围仪器外部，若导管口有气泡冒出，且仪器冷却时水能自导管口上升一段，而水柱持续不落，表明装置不漏气。

如果查出装置漏气，一定要找出原因，乃至更换元部件，不可勉强敷衍。

五、物质的分离

在化学实验中，经常要用到过滤、蒸发（浓缩）、结晶等基本操作。

（一）过滤

过滤是分离固体与液体（或结晶与母液）的一种方法。通常用漏斗和滤纸进行过滤，常用玻璃漏斗的锥顶角为60°，滤纸一般裁为圆形。

过滤时选择大小合适的圆形滤纸，沿直径对折，使其圆边重合，再把半圆折成90°圆心角弧形，打开滤纸呈圆锥形，尖端朝下放入漏斗中，使滤纸紧贴漏斗壁，用左手食指按住滤纸并以蒸馏水润湿之。再小心地用食指按压滤纸，赶走留在滤纸与漏斗壁之间的气泡（目的是增加过滤速度）。在过滤时应注意以下各点：

（1）漏斗放在铁架台的铁圈上，漏斗颈的下端要紧贴在接受容器的内壁上，使滤液沿器壁流下而不致飞溅。

（2）往过滤漏斗中转移液体时要用玻璃棒接引，并把液流滴在三层滤纸处，以防液流把滤纸冲破。倾液时烧杯尖嘴要紧贴玻璃棒，每次倾液完了应将烧杯沿玻璃棒上提，至烧杯壁与玻璃棒几乎平行后再移开烧杯，防止液体流到烧杯外壁。

（3）过滤时宜先以倾泻法转移上层清液，再转移沉淀，这样做可以减少沉淀堵塞滤纸孔隙的机会，缩短过滤时间。倾入漏斗中的液体，其液面必须低于滤纸斗的上沿。

（二）蒸发

浓缩或蒸干溶液均可使用蒸发的方法，蒸发可在烧杯或蒸发皿中进行。

给蒸发皿中的溶液加热，一般是将蒸发皿放在铁架台的铁圈上。蒸发皿可用坩埚钳夹持，用火焰直接加热。当蒸发皿中溶液浓缩后，要用玻璃棒不断搅拌，以防局部过热而发生迸溅（必要时应撤火或改用小火）。当蒸发到出现固体或接近干涸时，可停止加热，利用余热使水分蒸干。注意：不要立即把热蒸发皿直接放到实验台上，以免烫坏台面。如果需要放在实验台上，要垫上石棉网。

（三）结晶

结晶是使晶体从溶液中析出的方法，常用来分离提纯固体物质。

1. 蒸发溶剂

把溶液放在敞口的容器（如蒸发皿、烧杯）里，让溶剂慢慢地蒸发。由于溶剂减少，溶液渐变为饱和溶液，当溶剂继续蒸发时，溶质就会以结晶形式从溶液中析出。

2. 降低溶液温度

先加热溶液使溶剂蒸发，成为热的饱和溶液，再缓缓冷却，溶质就会以结晶形式从溶液中析出。

析出晶体颗粒大小与外界条件有关。溶液中溶质的质量分数大，溶质溶解度小，降温快或扰动溶液，都会使析出的晶体小；静置、缓慢冷却或溶剂自然蒸发都有利于大晶体生成。

第二节　实验设计

本节主要介绍正交实验。

为什么要进行正交实验？

在实际工程生产中，影响实验的因素往往是多方面的，我们要考察各因素对实验的影响情况。在多因素、多水平实验中，如果对每个因素的每个水平都互相搭配进行全面实验，需要做的实验次数就会很多。比如，对 3

因素 7 水平的实验，如果 3 因素的各个水平都互相搭配进行全面实验，就要做 $7^3=343$ 次实验；对 6 因素 7 水平进行全面实验，要做 $7^6=117\ 649$ 次实验。这显然是不经济的。我们应当在不影响实验效果的前提下，尽可能地减少实验次数。正交设计就是解决这个问题的有效方法。正交设计的主要工具是正交表。

表 1－1 是一个比较典型的正交表。此表中，L 表示此为正交表，行数 8 表示实验次数，2 表示两水平，列数 7 表示实验最多可以有 7 个因素（包括单个因素及其交互作用）。

表 1－1　　L_8（2^7）正交表

列 实验号	1	2	3	4	5	6	7
1	1	1	1	1	1	1	1
2	1	1	1	2	2	2	2
3	1	2	2	1	1	2	2
4	1	2	2	2	2	1	1
5	2	1	2	1	2	1	2
6	2	1	2	2	1	2	1
7	2	2	1	1	2	2	1
8	2	2	1	2	1	1	2

一、正交表的表示方法

一般的正交表记为 $L_n(m^k)$。其中，n 是表中实验测定数据的行数，也就是要安排的实验数；k 是表中实验测定数据的列数，表示因素的个数；m 是各因素的水平数。常见的正交表：2 水平的有 $L_4(2^3)$、$L_8(2^7)$、$L_{12}(2^{11})$、$L_{16}(2^{15})$ 等，3 水平的有 $L_9(3^4)$、$L_{27}(3^{13})$等，4 水平的有 $L_{15}(4^5)$，5 水平的有 $L_{25}(5^6)$。

二、正交表的重要性质

表 1－2　　正交分析表

编号＼因素	1	2	3	铁水温度（℃）	铁水温度减去 1 350（℃）
	A	B	C		
1	1	1	1	1 365	15
2	1	2	2	1 395	45
3	1	3	3	1 385	35
4	2	1	2	1 390	40
5	2	2	3	1 395	45
6	2	3	1	1 380	30
7	3	1	3	1 390	40
8	3	2	1	1 390	40
9	3	3	2	1 410	60
K_1	95	95	85		
K_2	115	130	145		
K_3	140	125	120		
k_1（$=K_1/3$）	31.7	31.7	28.3		
k_2（$=K_2/3$）	38.3	43.3	48.3		
k_3（$=K_3/3$）	46.7	41.7	40.0		
极差	15.0	11.7	20.0		
最优方案	A_3	B_2	C_2		

1．正交表的两条重要性质

（1）每列中不同数字出现的次数是相等的。如 L_9（3^4）中，每列中不同的数字是 1、2、3，它们各出现 3 次。

（2）在任意两列中，将同一行的两个数字看成一个有序数对，则每一数对出现的次数是相等的。如 L_9（3^4）中有序数对共有 9 个，即（1，1），

(1, 2), (1, 3), (2, 1), (2, 2), (2, 3), (3, 1), (3, 2), (3, 3), 它们各出现一次。所以，用正交表来安排实验时，各因素的各种水平的搭配是均衡的，这是正交表的优点。

2. 正交分析表

以表 1-2 为例解释如下：

K_1这一行的 3 个数分别是因素 A、B、C 的第 1 水平所在实验对应的铁水温度之和。

K_2这一行的 3 个数分别是因素 A、B、C 的第 2 水平所在实验对应的铁水温度之和。

K_3这一行的 3 个数分别是因素 A、B、C 的第 3 水平所在实验对应的铁水温度之和。

k_1、k_2、k_3这 3 行每行的 3 个数，分别是 K_1、K_2、K_3 3 行中 3 个数的平均值；极差是同一列中，k_1、k_2、k_3 3 个数中的最大者减去最小者所得的差。极差越大，说明这个因素的水平改变时对实验指标的影响越大。极差最大的那一列，就是那个因素的水平改变时对实验指标的影响最大，那个因素就是我们要考虑的主要因素。

通过分析可以得出：各因素对实验指标（铁水温度）的影响按大小次序应当是 C（底焦高度）、A（焦比）、B（风压），最好的方案应当是$A_3B_2C_2$。与此结果比较接近的是第 9 号实验。为了最终确定上面找出的实验方案是不是最好的，可以按这个方案再实验一次，并同第 9 号实验相比，取效果最佳的方案。

三、正交实验举例

【例】（多指标的分析方法——综合评分法）

某厂生产一种化工产品，需要检验的指标是核酸统一纯度和回收率，这两个指标都是越大越好。有影响的因素有 4 个，各有 3 个水平。试通过实验分析找出较好的方案。

表 1－3　　实验影响因素

水平＼因素	A	B	C	D
	时间/h	加料中核酸含量	pH	加水量
1	25	7.5	5.0	1∶6
2	5	9.0	6.0	1∶4
3	1	6.0	9.0	1∶2

解：这是 4 因素 3 水平的实验，可以选用正交表 L_9（3^4）。实验结果见表 1－4。

表 1－4　　正交表 L_9（3^4）

编号＼因素	1	2	3	4	各指标实验结果		综合评分
	A	B	C	D	纯度	回收率	
1	1	1	1	1	17.5	30.0	100.0
2	1	2	2	2	12.0	41.2	89.2
3	1	3	3	3	6.0	60.0	84.0
4	2	1	2	3	8.0	24.2	56.2
5	2	2	3	1	4.5	51.0	69.0
6	2	3	1	2	4.0	58.4	74.4
7	3	1	3	3	8.5	31.0	65.0
8	3	2	1	3	7.0	20.5	48.5
9	3	3	2	1	4.5	73.5	91.5
K_1	273.2	221.2	222.9	260.5			677.8
K_2	196.6	206.7	236.9	228.6			
K_3	205	249.9	218.9	188.7			
k_1（$=K_1/3$）	91.1	73.7	74.3	86.8			
k_2（$=K_2/3$）	65.5	68.9	79.0	76.2			
k_3（$=K_3/3$）	68.3	83.3	73.0	62.9			
极差	25.5	14.4	6.0	23.9			
最优方案	A_1	B_3	C_2	D_1			

分析：

（1）根据综合评分的结果，直观上第1号实验的分数最高，应进一步分析它是不是最好的实验方案。

（2）通过直观分析法可以得知，最好的实验方案是 $A_1B_3C_2D_1$。A、D两个因素的极差都很大，是对实验影响较大的两个因素。

（3）分析出来的最好方案，在已经做过的9个实验中是没有的，可以按这个方案再实验一次，看能不能得出比第1号实验更好的结果，从而确定出真正最好的实验方案。

四、利用正交表进行实验的步骤

（1）明确实验目的，确定要考核的实验指标。

（2）根据实验目的，确定要考察的因素和各因素的水平，要通过对实际问题的具体分析选出主要因素，略去次要因素。

（3）选用合适的正交表，安排实验计划。

（4）根据安排的计划进行实验，测定各实验指标。

（5）对实验结果进行计算分析，得出合理的结论。

（6）若最佳组合方案在实验中未出现，如果条件允许，应安排一次验证实验，进行确认。

第三节 分析测定的误差

在定量分析中，由于受分析方法、测量仪器、所用试剂和分析工作者主观条件等方面的限制，测得的结果不可能和真实含量完全一致；即使是技术很熟练的分析工作者，用最完善的分析方法和最精密的仪器，对同一样品进行多次测定，其结果也不会完全一样。这说明客观上存在着难以避免的误差。

实验测量所得的大批数据是实验的主要成果，由于测量仪表和人的观察等方面的原因，实验数据总存在一些误差，所以在整理这些数据时，首先应对实验数据的可靠性进行客观的评定。误差分析的目的就是评定实验数据的精确度或误差，可以认清误差的来源及其影响，并设法排除数据中所包含的无效成分，还可进一步改进实验方案。在实验中注意哪些是影响实验精确度的主要方面，这对正确地组织实验方法、正确评判实验结果和设计方案，从而提高实验的精确性，具有重要的指导意义。

一、真实值、平均值与中位值

（一）真实值与平均值

真值是指某物理量客观存在的确定值。通常一个物理量的真值是不知道的，是要求我们努力测到的。严格来讲，由于测量仪器、测定方法、环境、人的观察力、测量的程序等都不可能是完美无缺的，故真值是无法测得的，是一个理想值。科学实验中真值的定义：设在测量中观察的次数为无限多，则根据误差分布定律知正负误差出现的概率相等，故将各观察值相加，加以平均，在无系统误差情况下，可能获得极近于真值的数值。“真值”在现实中是指观察次数无限多时所求得的平均值（或是写入文献手册中所谓的“公认值”），然而对我们工程实验而言，观察的次数都是有限的，故用有限观察次数求出的平均值只能是近似真值，或称为最佳值，我们一般称这一最佳值为平均值。常用的平均值有下列几种：

1. 算术平均值

这种平均值最常用，凡测量值的分布服从正态分布时，用最小二乘法原理可以证明：在一组等精度的测量中，算术平均值为最佳值或最可信赖值。

$$\bar{x}=\frac{x_1+x_2+\cdots+x_n}{n}=\frac{\sum_{i=1}^{n}x_i}{n} \tag{1-3-1}$$

式中，x_1，x_2，…，x_n为各次观测值，n为观察的次数。

2. 均方根平均值

$$\bar{x}_{均}=\sqrt{\frac{x_1{}^2+x_2{}^2+\cdots+x_n{}^2}{n}}=\sqrt{\frac{\sum_{i=1}^{n}x_i{}^2}{n}} \tag{1-3-2}$$

3. 加权平均值

设对同一物理量用不同方法去测定，或对同一物理量由不同人去测定，计算平均值时，常对比较可靠的数值予以加重平均，称为加权平均。

$$\overline{w}=\frac{w_1x_1+w_2x_2+\cdots+w_nx_n}{w_1+w_2+\cdots+w_n}=\frac{\sum_{i=1}^{n}w_ix_i}{\sum_{i=1}^{n}w_i} \quad (1-3-3)$$

式中：x_1，x_2，…，x_n为各次观测值；w_1，w_2，…，w_n为各测量值的对应权重，各观测值的权数一般凭经验确定。

4. 几何平均值

$$\overline{x}_n=\sqrt[n]{x_1\cdot x_2\cdot x_3\cdot\cdots\cdot x_n} \quad (1-3-4)$$

5. 对数平均值

$$\lg\overline{x}_n=\frac{1}{n}\sum_{i=1}^{n}\lg x_i \quad (1-3-5)$$

以上求各种平均值，目的是要从一组测定值中找出最接近真值的那个值。平均值的选择主要决定于一组观测值的分布类型，如果属于正态分布，可采用算术平均值。

物质中各组分的真实数值称为该量的真实值，显然它是客观存在的。一般来说，真实值是未知的，但下列情况可认为其真实值是已知的：理论真实值，如某种化合物的理论组成等；相对真实值，认定精度高一个数量级的测定值作为低一级测量值的真实值，这种真实值是相对而言的，如分析实验室中标准试样及管理试样中组分的含量等。

（二）中位值（x_M）

将一组平行测量数据（x_n）按由小到大顺序排列，若n为奇数，中位值就是位于中间的数，若n为偶数则是中间两数的平均值。对测定次数少的测定，中位值比平均值更为合理地描述数据集中趋势。

二、误差的定义及分类

在任何一种测量中，无论所用仪器多么精密、方法多么完善、实验者多么细心，不同时间所测得的结果不一定完全相同，有一定的误差和偏差。严格来讲，误差是指实验测量值（包括直接和间接测量值）与真值（客观存在的准确值）之差，偏差是指实验测量值与平均值之差，但习惯上通常将两者混淆而不加区别。

根据误差的性质及其产生的原因，可将误差分为系统误差、偶然误差、过失误差三种。

（一）系统误差

系统误差又称恒定误差，是由某些固定不变的因素引起的，即在相同条件下进行多次测量，其误差数值的大小和正负保持恒定，或随条件改变按一定的规律变化。

1. 产生系统误差的原因及查找

产生系统误差有下面几个原因：仪器刻度不准，砝码未经校正等；试剂不纯，质量不符合要求；周围环境的改变，如外界温度、压力、湿度的变化等；个人的习惯与偏向，如读取数据常偏高或偏低，记录某一信号的时间总是滞后，判定滴定终点的颜色程度因人而异等因素。

可以用准确度一词来表征系统误差的大小：系统误差越小，准确度越高；反之，亦然。

由于系统误差是测量误差的重要组成部分，消除和估计系统误差对于提高测量准确度就十分重要。一般系统误差是有规律的，具有重现性、单向性、可测性（可校正）的特点，其产生的原因也往往可知或找出原因后可以清除掉。至于不能消除的系统误差，我们应设法确定或估计出来。

2. 分类

系统误差按其产生的原因分为以下 4 类。

（1）方法误差：分析方法本身不完善所造成的误差。例如，在重量分析中，选择的沉淀形式溶解度较大，共沉淀沾污；灼烧时沉淀的分解或挥发等；滴定分析涉及的反应不完全，指示剂的变色点与反应的计量点不吻合等。

（2）仪器误差：仪器、量器精度不够或未经校正而引起的误差。例如，分析天平砝码未经校正，滴定管、移液管等容量仪器的刻度不准，分光光度计波长不准等。

（3）试剂误差：试剂不纯或带入杂质引起的误差。例如，试剂的纯度不够，蒸馏水含有微量的待测组分等。

（4）操作误差：在正常操作下，操作者的主观因素造成的误差。例如，滴定管的读数经常偏高或偏低，滴定终点颜色的判断经常偏深或偏浅等，这是由于个人感官不敏锐或固有习惯造成的，不属于过失误差。

（二）偶然误差

偶然误差又称随机误差，是由某些不易控制的因素造成的。在相同条件下做多次测量，其误差的大小、正负方向不一定，其产生原因一般不清楚，因而也就无法控制，主要表现在测量结果的分散性，但完全服从统计规律，所以研究随机误差可以采用概率统计的方法。在误差理论中，常用精密度一词来表征偶然误差的大小。偶然误差越大，精密度越低，反之亦然。在测量中，如果已经消除引起系统误差的一切因素，而所测数据仍在末一位或末二位数字上有差别，则为偶然误差。偶然误差的存在，主要是我们只注意认识影响较大的一些因素，而往往忽略其他一些小的影响因素，不是我们尚未发现就是我们无法控制，而这些影响正是造成偶然误差的原因。

1. 特点

（1）重复测定时其误差数值不恒定，有时大，有时小，有时正，有时负。

（2）不可测量。

（3）随机误差的性质服从一般的统计规律。

2. 出现的规律

偶然误差在分析操作中是无法避免的。对于同一试样进行多次分析，得到的分析结果仍不完全一致的原因为偶然误差。偶然误差难以找出确定原因，似乎没有规律，但如果进行很多次测定，便会发现数据的分布符合统计规律，符合正态分布，可以运用概率理论进行处理。一般而言：小误差出现的概率大，大误差出现的概率小，极大误差出现的概率非常小；随着测定次数的增加，随机误差的算术平均值逐渐趋近于零，也就是说算术平均值能很好地反映测定值的集中趋势。

随机误差直接影响分析结果的精密度。只有在消除系统误差的前提下，采用“多次平行测定，取平均值”的方法，减小随机误差，测定结果的平均值就接近于真实值。因此，增加测定次数可以减小随机误差。

（三）过失误差

过失误差又称粗大误差，是与实际明显不符的误差，主要是实验人员粗心大意所致，如读错、测错、记错等都会带来过失误差。含有粗大误差的测量值称为坏值，应在整理数据时依据常用的准则加以剔除。

操作错误是由于分析人员的粗心、不遵守操作规程、责任心不强或仪器洗涤不干净、试样损失、加错试剂、看错读数、溶液溅失、计算错误等引起的。这些错误操作不是误差，在工作上属于责任事故，如发现有过失，应将含有过失的测定值作为异常值舍去。

综上所述，我们可以认为系统误差和过失误差总是可以设法避免的，而偶然误差是不可避免的，因此最好的实验结果应该只含有偶然误差。

三、精密度、正确度和精确度

测量的质量和水平，可用误差的概念来描述，也可用准确度等概念来描述。国内外文献所用的名词术语颇不统一，精密度、正确度、精确度这几个术语的使用一向比较混乱。近年来趋于一致的多数意见是：

精密度：指衡量某些物理量几次测量之间的一致性，即重复性。它可以反映偶然误差大小的影响程度。

正确度：指在规定条件下，测量中所有系统误差的综合。它可以反映系统误差大小的影响程度。

精确度（准确度）：指测量结果与真值偏离的程度，它可以反映系统误差和随机误差综合大小的影响程度。

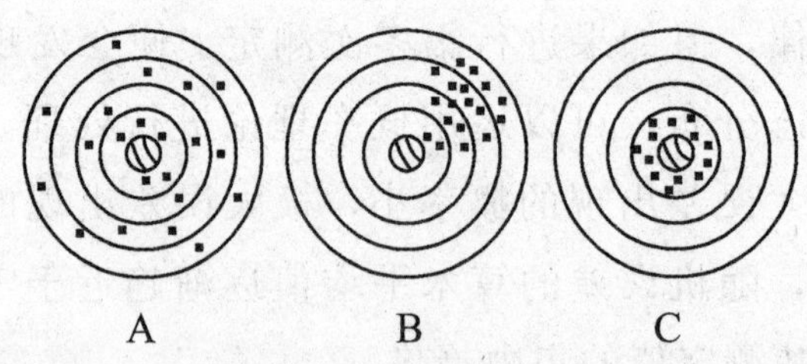

图 1－1　精密度、正确度、精确度含义示意图

为说明它们之间的区别，往往用打靶来做比喻。如图 1－1 所示，A 的系统误差小而偶然误差大，即正确度高而精密度低；B 的系统误差大而偶然误差小，即正确度低而精密度高；C 的系统误差和偶然误差都小，表示精确度（准确度）高。当然实验测量中没有像靶心那样明确的真值，而是设法去测定这个未知的真值。

对于实验测量来说，精密度高，正确度不一定高；正确度高，精密度也不一定高；精确度（准确度）高，必然是精密度与正确度都高。

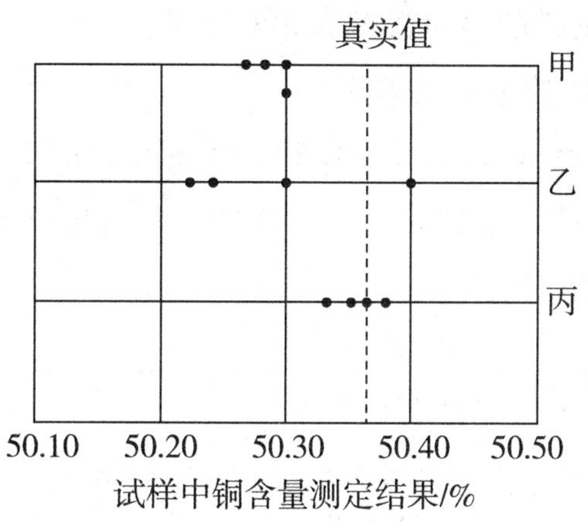

图 1－2 分析结果示例

准确度与精密度之间既有区别又有联系。以图 1－2 为例，甲测定结果的精密度高，但其平均值与真实值相差较远，说明准确度低；乙测定结果的精密度不高，准确度也不高；丙测定结果的精密度和准确度都比较高。

准确度与精密度的关系：精密度是保证准确度的先决条件；高的精密度不一定能保证高的准确度，但可以找出精密而不准确的原因，从而加以校正（系统误差）。

四、准确度与误差

准确度的高低用误差的大小表示。误差越小，准确度越高；误差越大，准确度越低。在实际的分析工作中，常用测定结果的平均值与真实值接近的程度表征分析结果的准确度。

（一）误差的表示方法

绝对误差表示测定结果与真实值之差，即

$$E_a = x - x_T \qquad (1-3-6)$$

相对误差是指绝对误差在真实值中所占的百分率，即

$$E_r = \frac{E_a}{x_T} \times 100\% \qquad (1-3-7)$$

绝对误差和相对误差都有正负之分。误差为正，表示分析结果偏高；误差为负，表示分析结果偏低。

【例】用分析天平称得某试样 A 的质量为1.203 7 g，该试样的真实质量为1.203 6；若用同一台天平称试样 B 的质量为0.120 4 g，其真实质量为0.120 3 g。计算两试样的绝对误差和相对误差。

解：试样 A 和 B 的绝对误差为

$$E_{a,A}=(1.2037-1.2036)\ \text{g}=+0.0001\ \text{g}$$

$$E_{a,B}=(0.1204-0.1203)\ \text{g}=+0.0001\ \text{g}$$

试样 A 和 B 的相对误差为

$$E_{r,A}=\frac{+0.001\ \text{g}}{1.2036\ \text{g}}\times100\%=+0.008\%$$

$$E_{r,B}=\frac{+0.001\ \text{g}}{0.1203\ \text{g}}\times100\%=+0.08\%$$

从以上计算结果可以看出，绝对误差相同时，相对误差也会有所不同；被测物质的质量较大，相对误差较小。因此，在天平的精度保持不变时，适当增大取样量，可以减小称量误差对分析结果的影响。

（二）误差的应用

（1）判断测定结果的准确度。测定结果的误差越小，准确度越高；误差越大，准确度越低。

（2）误差通常用于说明一些分析仪器测量的准确度，如表1－5所示。

（3）通过绝对误差，可以对测定值进行校正。

校正值＝绝对值误差＝真实值－测定值

真实值≈测定值＋校正值

表1－5　常用仪器的绝对误差和读数误差

常用仪器	绝对误差	称量误差或读数误差
分析天平	±0.000 1 g	±0.000 2 g
托盘天平	±0.1 g	±0.2 g
常量滴定管	±0.01 mL	±0.02 mL
25 mL 量筒	±0.1 mL	±0.2 mL

校正后的测定值更接近于真实值，但并不是真实值，因为校正值本身也有误差，当系统误差较小时，可用测定平均值代替真实值。实际工作中，

标准物质可作为相对真实值来校正仪器和评价分析方法。

五、精密度与偏差

精密度的高低用偏差表示。偏差越小，精密度越高，表示测定数据的分散程度越小。在实际工作中，常用重复性和再现性表示不同情况下分析结果的精密度。

精密度有下列表示方法：

（一）绝对偏差和相对偏差

绝对偏差是指单次测定值与平均值之差，相对偏差是指绝对偏差在平均值中所占的百分率。

绝对偏差

$$d_i = x_i - \overline{x} \tag{1-3-8}$$

相对偏差

$$d_r = \frac{d_i}{\overline{x}} \times 100\% \tag{1-3-9}$$

绝对偏差和相对偏差有正负之分，它们都是表示单次测定值与平均值的偏离程度。

（二）平均偏差和相对平均偏差

在平行测定中，各次测定的偏差有正有负，也可能为零。因此，为了衡量一组数据的精密度，通常用平均偏差 $\overline{d}$ 表示。

平均偏差（$\overline{d}$）：各单个偏差绝对值的平均值，表示为

$$\overline{d} = \frac{1}{n}\sum_{i=1}^{n} |d_i| \tag{1-3-10}$$

相对平均偏差（$\overline{d}_r$）：平均偏差在平均值中所占的百分率，表示为

$$\overline{d}_r = \frac{\overline{d}}{\overline{x}} \times 100\% \tag{1-3-11}$$

平均偏差和相对平均偏差小，说明测定结果的精密度高。平均偏差和相对平均偏差由于取了绝对值因而都是正值，平均偏差有与测量值相同的单位。

（三）标准偏差和相对标准偏差

标准偏差是指单次测定值与算术平均值之间相符合的程度。在数理统计中，常用标准偏差来衡量数据的精密度。

有限次测量的标准偏差用 s 表示，即

$$s=\sqrt{\frac{\sum_{i=1}^{n}(x_i-\overline{x})^2}{n-1}}=\sqrt{\frac{\sum_{i=1}^{n}d_i{}^2}{n-1}} \tag{1-3-12}$$

相对标准偏差

$$s_r=\frac{s}{\overline{x}}\times 100\% \tag{1-3-13}$$

用标准偏差表示精密度比用平均偏差好，这是因为将单次测定结果的偏差经平方后，能将较大偏差对精密度的影响反映出来，可以更清楚地说明测定值的分散程度。

标准偏差和相对标准偏差均为正值，标准偏差有与测定值相同的单位。总之，在一般分析中，通常多采用平均偏差来表示测量的精密度。而对于一种分析方法所能达到的精密度的考察、一批分析结果的分散程度的判断及其他许多分析数据的处理等，最好采用相对标准偏差来表示。用标准偏差表示精密度，可更好地将单项测量的较大偏差和测量次数对精密度的影响反映出来。

（四）极差

极差是指一组数据中最大值（x_{max}）与最小值（x_{min}）之差，用 R 表示为

$$R=x_{max}-x_{min}$$

$$\text{相对极差}=\frac{R}{\overline{x}}\times 100\% \tag{1-3-14}$$

一般分析工作中平行测定次数不多，常采用极差来说明偏差的范围。极差表示方法简单，不足之处是不能利用全部测量数据。

（五）允许差

允许差又叫公差。一般分析工作只做两次平行测定，允许差是两次平

行测定结果的绝对差值，也就是平行测定结果精密度的界限值。

若两次平行测定结果的差值不大于允许差，则两次平行测定结果的算术平均值作为分析结果；若差值超出允许差，称为“超差”，此测定结果无效，必须重新取样测定。

使用时，若试样有标准，允许差采用单面公差（即允许差的绝对值）；试样无标准值时，则采用双面公差（即允许差绝对值的 2 倍）。

六、仪表的精确度与测量值的误差

（一）电工仪表类的精确度与测量误差

这些仪表的精确度常采用仪表的最大引用误差和精确度的等级来表示。仪表的最大引用误差的定义为

$$\text{最大引用误差}=\frac{\text{仪表显示值的绝对误差}}{\text{该仪表相应挡次量程的绝对值}}\times 100\% \qquad (1-3-15)$$

式中，仪表显示值的绝对误差指在规定的正常情况下，被测参数的测量值与被测参数的标准值之差的绝对值的最大值。对于多挡仪表，不同挡次显示值的绝对误差和量程范围均不相同。

式（1－3－15）表明，若仪表显示值的绝对误差相同，则量程范围越大，最大引用误差越小。我国电工仪表的精确度等级有七种：0.1，0.2，0.5，1.0，1.5，2.5，5.0。如某仪表的精确度等级为 2.5 级，则说明此仪表的最大引用误差为 2.5％。

在使用仪表时，如何估算某一次测量值的绝对误差和相对误差？若仪表的精确度等级为 P 级，其最大引用误差为 10％，设仪表的测量范围为 x_n，仪表的示值为 x_i，则该示值的误差为

$$\begin{aligned}&\text{绝对误差 } D\leqslant x_n\times P\% \\ &\text{相对误差 } E=\frac{D}{x_i}\leqslant\frac{x_n}{x_i}\times P\%\end{aligned} \qquad (1-3-16)$$

式（1－3－16）表明：若仪表的精确度等级 P 和测量范围 x_n 已固定，则测量的示值 x_i 越大，测量的相对误差越小。选用仪表时，不能盲目地追求仪表的精确度等级，因为测量的相对误差还与 X_n/X_i 有关，应该兼顾仪

表的精确度等级和 X_n/X_i 两者。

（二）天平类仪器的精确度和测量误差

这些仪器的精度用以下公式来表示：

$$仪器的精密度=\frac{名义分度值}{量程的范围} \tag{1-3-17}$$

式中，名义分度值指测量时读数有把握正确的最小分度单位，即每个最小分度所代表的数值。例如 TG－3284 型天平，其名义分度值（感量）为 0.1 mg，测量范围为 0～200 g，则

$$精确度=\frac{0.1}{(200-0)\times 10^3}=5\times 10^{-7}$$

若仪器的精确度已知，也可用式（1－3－17）求得其名义分度值。

使用这些仪器时，测量的误差可用下式来确定：

$$\left.\begin{aligned}&绝对误差\leqslant 名义分度值\\&相对误差\leqslant\frac{名义分度值}{测量值}\end{aligned}\right\} \tag{1-3-18}$$

（三）测量值的实际误差

由于仪表的精确度用公式（1－3－16）和（1－3－18）所确定的测量误差，一般总是比测量值的实际误差小得多。这是因为仪器没有调整到理想状态，如不垂直、不水平、零位没有调整好等，会引起误差；仪表的实际工作条件不符合规定的正常工作条件，会引起附加误差；仪器经过长期使用后，零件发生磨损，装配状况发生变化等，也会引起误差；可能存在有操作者的习惯和偏向所引起的误差；仪表所感受的信号实际上可能并不等于待测的信号；仪表电路可能会受到干扰等。总而言之，测量值实际误差大小的影响因素是很多的。为了获得较准确的测量结果，需要有较好的仪器，也需要有科学的态度和方法，以及扎实的理论知识和实践经验。

七、间接测量中的误差传递

在许多实验和研究中，所得到的结果有时不是用仪器直接测量得到的，

而是要把实验现场直接测量值代入一定的理论关系式中，通过计算才能求得所需要的结果，即间接测量值。由于直接测量值总有一定的误差，它们必然引起间接测量值也有一定的误差，也就是说直接测量误差不可避免地传递到间接测量值中去，而产生间接测量误差。

误差的传递公式：当间接测量值（y）与直接测量值（x_1，x_2，…，x_n）有函数关系，即 $y=f(x_1, x_2, \cdots, x_n)$ 时，其微分式为

$$\begin{aligned} \mathrm{d}y &= \frac{\partial y}{\partial x_1}\mathrm{d}x_1 + \frac{\partial y}{\partial x_2}\mathrm{d}x_2 + \cdots + \frac{\partial y}{\partial x_n}\mathrm{d}x_n \\ \frac{\mathrm{d}y}{y} &= \frac{1}{f(x_1, x_2, \cdots x_n)}\left(\frac{\partial y}{\partial x_1}\mathrm{d}x_1 + \frac{\partial y}{\partial x_2}\mathrm{d}x_2 + \cdots + \frac{\partial y}{\partial x_n}\mathrm{d}x_n\right) \end{aligned} \tag{1-3-19}$$

根据式（1－3－19），若直接测量值的误差（Δx_1，Δx_2，…，Δx_n）很小，并且考虑到最不利的情况，应是误差累积和取绝对值，则可求间接测量值的误差，Δy 或 $\Delta y/y$ 为

$$\begin{aligned} \Delta y &= \left|\frac{\partial y}{\partial x_1}\right| \cdot |\Delta x_1| + \left|\frac{\partial y}{\partial x_2}\right| \cdot |\Delta x_2| + \cdots + \left|\frac{\partial y}{\partial x_n}\right| \cdot |\Delta x_n| \\ E_r &= \frac{\Delta y}{y} = \frac{1}{f(x_1, x_2, \cdots, x_n)}\left(\left|\frac{\partial y}{\partial x_1}\right| \cdot |\Delta x_1| + \left|\frac{\partial y}{\partial x_2}\right| \cdot |\Delta x_2| + \cdots + \left|\frac{\partial y}{\partial x_n}\right| \cdot |\Delta x_n|\right) \end{aligned} \tag{1-3-20}$$

这两个式子就是由直接测量误差计算间接测量误差的误差传递公式。对于标准差的传递，则有

$$\delta_y = \sqrt{\left(\frac{\partial y}{\partial x_1}\right)^2 \delta_{x_1}{}^2 + \left(\frac{\partial y}{\partial x_2}\right)^2 \delta_{x_2}{}^2 + \cdots + \left(\frac{\partial y}{\partial x_n}\right)^2 \delta_{x_n}{}^2} \tag{1-3-21}$$

式中 δ_{x_1}、δ_{x_2} 等分别为直接测量的标准误差，δ_y 为间接测量的标准误差。上式在有关资料中称为“几何合成”或“极限相对误差”。表 1－6 列出了计算函数误差的各种关系式。

表 1-6　计算函数误差的各种关系式

数学式	误差传递公式	
	最大绝对误差	最大相对误差 $E_r(y)$
$y=x_1+x_2+\cdots+x_n$	$\Delta y=\pm(\lvert\Delta x_1\rvert+\lvert\Delta x_2\rvert+\cdots+\lvert\Delta x_n\rvert)$	$E_r(y)=\frac{\Delta y}{y}$
$y=x_1+x_2$	$\Delta y=\pm(\lvert\Delta x_1\rvert+\lvert\Delta x_2\rvert)$	$E_r(y)=\frac{\Delta y}{y}$
$y=x_1\cdot x_2$	$\Delta y=\Delta(x_1\cdot x_2)$ 或 $\Delta y=y\cdot E_r(y)$	$E_r(y)=E_r(x_1\cdot x_2)=\pm\left(\left\lvert\frac{\Delta x_1}{x_1}\right\rvert+\left\lvert\frac{\Delta x_2}{x_2}\right\rvert\right)$
$y=x_1\cdot x_2\cdot x_3$	$\Delta y=\pm\left(\begin{array}{l}\lvert x_1\cdot x_3\cdot\Delta x_2\rvert\\+\lvert x_1\cdot x_2\cdot\Delta x_3\rvert\\+\lvert x_2\cdot x_3\cdot\Delta x_1\rvert\end{array}\right)$ 或 $\Delta y=y\cdot E_r(y)$	$E_r(y)=\pm\left(\left\lvert\frac{\Delta x_1}{x_1}\right\rvert+\left\lvert\frac{\Delta x_2}{x_2}\right\rvert+\left\lvert\frac{\Delta x_3}{x_3}\right\rvert\right)$
$y=x^n$	$\Delta y=\pm(\lvert nx^{n-1}\cdot\Delta x\rvert)$ 或 $\Delta y=y\cdot E_r(y)$	$E_r(y)=\pm\left(n\left\lvert\frac{\Delta x}{x}\right\rvert\right)$
$y=\sqrt[n]{x}$	$\Delta y=\pm\left(\left\lvert\frac{1}{n}x^{\frac{1}{n}-1}\cdot\Delta x\right\rvert\right)$ 或 $\Delta y=y\cdot E_r(y)$	$E_r(y)=\frac{\Delta y}{y}=\pm\left(\left\lvert\frac{1}{n}\frac{\Delta x}{x}\right\rvert\right)$
$y=\frac{x_1}{x_2}$	$\Delta y=y\cdot E_r(y)$	$E_r(y)=\pm\left(\left\lvert\frac{\Delta x_1}{x_1}\right\rvert+\left\lvert\frac{\Delta x_2}{x_2}\right\rvert\right)$
$y=cx$	$\Delta y=\Delta(cx)=\pm\lvert c\cdot\Delta x\rvert$ 或 $\Delta y=y\cdot E_r(y)$	$E_r(y)=\frac{\Delta y}{y}=\pm\left(\left\lvert\frac{\Delta x}{x}\right\rvert\right)$
$y=\log x$ $=0.434\,29\ln x$	$\Delta y=\pm\lvert(0.434\,29\cdot\ln x)^{e}\cdot\Delta x\rvert=\pm\left\lvert\frac{0.434\,29}{x}\cdot\Delta x\right\rvert$	$\Delta y=\frac{\Delta y}{y}$

第四节　实验安全

在实验室，经常要用到水、电、煤气、各种仪器和药品，而化学药品中很多是易燃、易爆、有腐蚀性和有毒的，实验室潜藏着各种事故发生的隐患。因此，重视安全操作，学会一般救护措施，是非常必要的。

注意安全不仅是个人的事情，发生了事故不仅损害个人的健康，还要危及周围的人们，并使国家的财产受到损失，影响工作的正常进行。因此，首先需要从思想上重视实验安全工作，绝不能麻痹大意；其次，在实验前应了解仪器的性能、药品的性质及本实验中的安全事项；在实验过程中，应集中注意力，并严格遵守实验安全守则，以防意外事故的发生；第三，要学会一般救护措施，一旦发生意外事故，可进行及时处理；最后，对于实验室的废液，也要知道一些处理的方法，以保持实验室环境不受污染。具体实验室安全规则如下：

（1）电器装置与设备的金属外壳应与地线连接，使用前先检查其外壳应不漏电，不要用湿的手、物接触电源。水、电、煤气、酒精灯一经使用完毕，就立即关闭。遇停电、停水，也要马上关闭以防遗忘（使用冷凝管时容易忘记关冷却水阀门）。点燃的火柴用后立即熄灭，不得乱扔。

（2）为了防止误服化学药品而中毒，严禁在实验室内饮食、吸烟，把食具带进实验室，或以实验容器当水杯、餐具使用。严禁在实验室穿拖鞋。实验中，不要用手摸脸、眼睛等部位。实验完毕，必须洗净双手。

（3）绝对不允许随意混合各种化学药品，以免发生意外事故。

（4）金属钾、钠和白磷等暴露在空气中易燃烧，所以金属钾、钠应保存在煤油中，白磷则可保存在水中。取用时要用镊子，避免金属钠与水、卤代烷直接接触，以免因剧烈反应而发生爆炸。

一些有机溶剂（如乙醚、乙醇、丙酮、苯等）极易引燃，使用时必须远离明火、热源，不能将其放在广口容器内（如烧杯内）用明火、电炉加热，应水浴加热，用毕立即盖紧瓶塞。易燃溶剂用完应倒入回收瓶，不得倒入废液缸或敞口容器，防止蒸汽挥发起火及损失。蒸馏易燃溶剂的接收器支管应导到水槽或室外。

热油浴加热时切勿使水溅入油中，以免油外溅造成烫伤或溅到热源上起火。

加热源不得靠近木质或木质器壁，其底部不能直接与木质桌面接触，应当用石棉板或瓷板做衬垫，与木质桌面隔离。有时见试剂瓶内有不溶物，就直接在灯火上加热，易引起瓶底炸裂而着火。要防止浓硝酸与棉织物甚至干枯树叶等接触而引燃。

蒸馏的冷凝水要保持通畅，若冷凝管忘记通水，大量水蒸气溢出，也易造成火灾。

（5）使用易燃易爆气体，要保持室内空气流通，严禁明火或敲击、开关电器（产生火花）。含氧气的氢气遇火易爆炸，操作时必须严禁接近明火。在点燃氢气前，必须先检查并确保纯度符合要求。银氨溶液不能留存，因久置后会变成氮化银，也易爆炸。

某些强氧化剂，如氯酸钾、硝酸钾、高锰酸钾等，乙炔银、乙炔铜、偶氮二异丁腈、过氧化苯甲酰、二硝基甲苯、三硝基甲苯、苦味酸及其金属盐、干燥的重氮盐、叠氮化物、硝酸酯等，都是易爆的危险品，不要用磨口容器盛装，不要研磨，不要用金属筛网过筛，不要使其撞击或受热，以免引起爆炸。

有些有机化合物如醚或共轭烯烃，久置后会生成易爆炸的过氧化合物，须特殊处理后才能应用。因此，蒸馏乙醚时，要检查是否有过氧化物的存在。可取少许乙醚，加入碘化钾的酸性溶液，若有碘析出，表示有过氧化物存在，则应在蒸馏前，先除去过氧化物（用酸化过的硫酸亚铁溶液洗涤乙醚）。

（6）注意保护眼睛，必要时带防护镜，防止眼睛受刺激性气体的熏染，更要防止化学药品等异物进入眼内。倾注药剂或加热液体时，容易溅出，不要俯视容器，尤其是浓酸、浓碱、洗液、液溴及其他具有强腐蚀性的液体，切勿使其溅在皮肤或衣服上，更应注意防护眼睛。稀释酸、碱（特别是浓硫酸）时，应将它们慢慢倒入水中，而不能反向进行，以免迸溅。加热试管时，切记不要使试管口向着自己或别人。

（7）不要俯向容器去嗅放出的气味，应面部应远离容器，用手把逸出容器的气体慢慢地扇向自己的鼻孔。使用有毒试剂或能产生有刺激性、有毒气体（如 H_2S、HF、Cl_2、CO、NO_2、SO_2、Br_2、$NH_3 \cdot H_2O$ 等）的实验，必须在通风橱内进行，有时也可用气体吸收装置除去反应生成的有毒气体，如加热盐酸、硝酸，或使用强酸、强碱溶解或消化试样时，均应该在通风橱内进行，操作时头应在通风橱外面，以防中毒。夏天开启浓氨水、盐酸时一定先用自来水冷却容器再打开（开启封口时需要用布包裹），开启时瓶口须指向无人处，以免由于液体喷溅而遭到伤害。如遇瓶塞不易开启，必须注意瓶内贮物的性质，切不可贸然用火加热或乱敲瓶塞等。

（8）有毒药品（如重铬酸钾、钡盐、铅盐、砷的化合物、汞的化合物，特别是氰化物）不得进入口内或接触伤口。剩余的废液也不能随便倒入下水道，应倒入废液缸或教师指定的容器里。有些有毒物质会渗入皮肤，因此使用时必须戴橡皮手套，操作后应立即洗手。不要将碳酸钠（或碳酸钾）、碳酸氢钠（或碳酸氢钾）与酸一起倒在废液缸内，以免产生大量泡沫而使缸内废液溢出废液缸，污染实验室地面。

（9）金属汞易挥发，并通过呼吸道进入人体内，逐渐积累会引起慢性中毒，所以做金属汞的实验应特别小心，不得把金属汞洒落在桌上或地上，一旦洒落，必须尽可能收集起来，并用硫黄粉盖在洒落的地方，使金属汞转变成不挥发的硫化汞。

（10）常压操作时切勿在密闭系统内进行加热反应，在反应进行过程中要经常注意仪器装置的各部分有无堵塞现象。减压蒸馏时，要用圆底烧瓶或吸滤瓶做接受器，不得使用机械强度不大的仪器（如锥形瓶、平底烧瓶、薄壁玻璃仪器等），否则可能发生炸裂，要仔细检查仪器有无破损和裂缝。回流或蒸馏液体时应放沸石，以防溶液因过热暴沸而冲出。若在加热后发现未放沸石，则应停止加热，待稍冷后再放，否则在过热溶液中放入沸石会导致液体迅速沸腾，冲出瓶外而引起火灾。不要用火焰直接加热烧瓶，而应根据液体沸点高低使用石棉网、油浴或水浴。

（11）玻璃管（棒）切割后断面应在火上烧熔，以消除棱角。

（12）将玻璃管（棒）或温度计插入塞中时，应先检查塞孔大小合适（孔径太小，可用小圆锉将孔扩大），玻璃光滑，并涂些甘油等润滑剂，然后慢慢旋转插入。握玻璃管（棒）或温度计的手应靠近塞子，防止玻管折断而割伤皮肤。在将90°或更小角度的玻璃弯管插入橡皮塞时，要防止把另一边管子作为“把柄”着力旋入，以免折断玻璃管，划破手掌。

（13）实验室所有药品不得携出室外，用剩的有毒药品应交还给教师。

CHAPTER 2 第二章

基础实验

实验一 沉淀实验

一、实验目的

沉淀是水污染控制用以去除水中杂质的常用方法。沉淀有四种基本类型，即自由沉淀、凝聚沉淀、成层沉淀和压缩沉淀。自由沉淀用以去除低浓度的离散性颗粒，如沙砾、铁屑等。这些杂质颗粒的沉淀性能一般都要通过实验测定。

本实验拟采用沉降柱实验，找出颗粒物去除率与沉降速度的关系。通过本实验，希望达到以下目的：掌握沉淀特性曲线的测定方法；了解固体通量分析过程；加深对沉淀原理的理解，为沉淀池的设计提供必要的设计参数。

二、实验原理

在含有分散性颗粒的废水静置沉淀过程中，设实验筒内有效水深为 H（图 2-1），通过不同的沉淀时间 t，可求得不同的颗粒沉淀速度 u，$u=H/t$。对于指定的沉淀时间 t_0，可求得颗粒沉淀速度 u_0。沉淀速度 u 等于或大于 u_0 的颗粒在 t_0 时可全都被去除，$u<u_0$ 的颗粒只有一部分被去除，而且按 u/u_0 的比例去除。

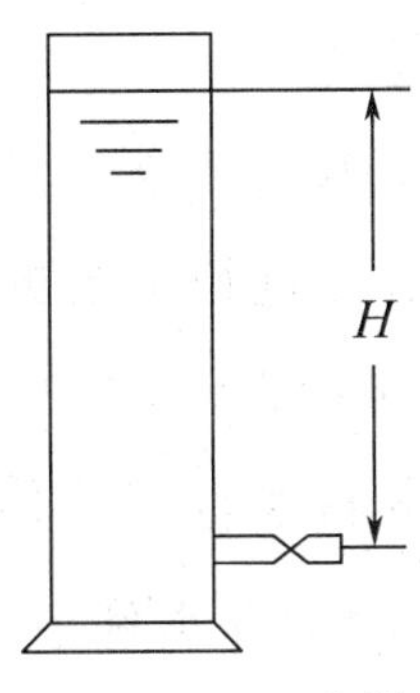

图 2-1　沉降柱

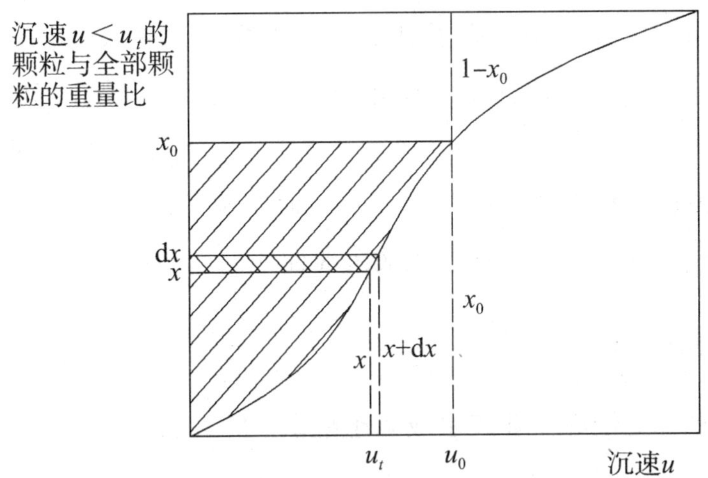

图 2-2　颗粒物沉降速度累计频率分配曲线

设 x_0 代表沉速 $u \leqslant u_0$ 的颗粒所占百分数，于是在悬浮颗粒总数中去除颗粒的百分数可用 $1-x_0$ 表示。具有沉速 $u \leqslant u_0$ 的每种粒径的颗粒去除部分的比例等于 u/u_0。因此考虑到各种颗粒的粒径，这类颗粒的去除百分数为 $\int_{x}^{x_0} \frac{u}{u_0} \mathrm{d}x$，则总去除率

$$E = (1-x_0) + \frac{1}{u_0} \int_{x}^{x_0} u \mathrm{d}x$$

式中第二项可由沉淀分配曲线用图解积分法确定，如图 2-2 中的阴影部分。

对于絮凝型悬浮物的静置沉淀的去除率，不仅与沉淀速度有关，而且与深度有关，因此实验筒中的水深应与池深相同。沉降柱的不同深度设有取样口，在不同的选定时段，自不同深度取水样，测定这部分水样中的颗粒浓度，并用以计算沉淀物质的百分数。以沉淀时间为横坐标、深度为纵坐标绘出等浓度曲线，为了确定一特定池中悬浮物的总去除率，可以采用

与分散性颗粒相似的近似法求得。

上述是一般废水静置沉淀实验的方法，这种方法的实验工作量相当大，因此我们在实验过程中对上述方法进行了改进。

沉淀开始时，可以认为悬浮物在水中的分布是均匀的，随着沉淀时间的增加，悬浮物在沉降柱内的分布变得不均匀。严格地说，经过沉淀时间 t 后，应将沉降柱内有效水深 H 的全部水样取出，测出其悬浮物含量，来计算出 t 时间内的沉淀效率，但是这样工作量太大，而且每个实验筒内只能求一个沉淀时间的沉淀效率。为了克服上述弊端，又考虑到实验筒内悬浮物浓度沿水深的变化，我们提出的实验方法是将取样口装在沉降柱 $H/2$ 处，近似地认为该处水的悬浮物浓度代表整个有效水深悬浮物的平均浓度。我们认为这样做在工程上的误差是允许的，而实验及测定工作量可大为简化，在一个沉降柱内就可多次取样，完成沉淀曲线的实验。

三、实验用水

生活污水、造纸等工业废水或黏土配水。

四、主要实验设备和仪器

（1）沉降柱（图 2－3），直径为 200 mm，工作有效水深为 1 500 mm。

（2）真空抽滤装置或过滤装置。

（3）悬浮物定量分析所需设备，包括分析天平、带盖称量瓶、干燥器、烘箱等。

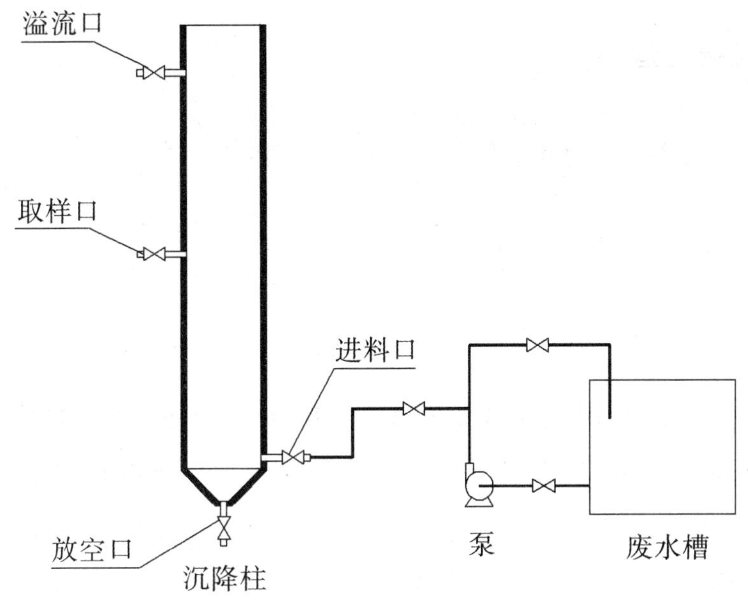

图 2-3 水静置沉淀实验装置

五、实验步骤

（1）将水样倒入搅拌桶中，用泵循环搅拌约 5 min，使水样中悬浮物分布均匀。

（2）用泵将水样输入沉淀实验筒，在输入过程中，从筒中取样 3 次，每次约 50 mL（取样后要准确记下水样体积）。此水样的悬浮物浓度即为实验水样的原始浓度 c_0。

（3）当废水升到溢流口，溢流管流出水后，关紧沉淀实验筒底部的阀门，停泵，记下沉淀开始时间。

（4）观察静置沉淀现象。

（5）隔 5、10、20、30、45、60、90 min，从实验筒中部取样 2 次，每次约 50 mL（准确记下水样体积）。取水样前要先排出取样管中的积水约 10 mL，取水样后测量工作水深的变化。

（6）将每一个沉淀时间的两个水样做平行实验，用滤纸抽滤（滤纸应当是已在烘箱内烘干后称量过的），过滤后，再把滤纸放入已准确称量的带盖称量瓶内，在 105～110℃烘箱内烘干，称量滤纸的增量即为水样中悬浮物的重量。

（7）计算不同沉淀时间 t 时水样中的悬浮物浓度 c、沉淀效率 E 及相应的颗粒沉速 u，画出 $E-t$ 和 $E-u$ 的关系曲线。

六、数据处理

悬浮物的浓度　c_i（mg/L）$=\frac{m_i-m}{V}\times 1\,000$

沉降效率　$E=\frac{c_0-c_i}{c_0}\times 100\%$

沉降速度　$u_i=\frac{h_i}{t_i}$

式中，m_i——某次过滤后，滤纸＋颗粒物＋称量瓶的质量（mg）；m——称量瓶＋滤纸的质量（mg）；V——某次过滤的取样体积（mL）；c_0——原水中的浓度值（mg/L）；c_i——某沉淀时间后，水样中的浓度值(mg/L)；u_i——沉淀速度（mm/s）；t_i——沉淀时间（s）；h_i——沉淀水深（mm）。

七、实验结果与讨论

（1）根据实验结果绘制沉淀曲线。

（2）分析实验所得结果。

（3）分析不同工作水深对应的沉淀曲线。

实验二　混凝实验

一、实验目的

（1）通过实验观察矾花生成过程，加深对混凝理论的理解。

（2）确定混凝剂的最佳用量和最佳 pH。

（3）了解影响混凝效果的因素。

二、实验原理

混凝的主要目的是除去水中的胶体和悬浮物，还能除去某些有机污染物、无机物和某些细菌病毒。混凝处理就是向原水中投入混凝剂（例如铝盐、铁盐），削弱胶体的带电稳定性，并通过混凝剂的吸附、架桥和网捕等多种作用，促进细小的悬浮物和胶体互相黏结生成易于沉淀的大颗粒矾花。

混凝效果的好坏对后续处理，如沉淀、过滤、除盐的影响很大，所以混凝是水处理工艺中十分重要的一个环节。混凝过程比较复杂，以混凝剂$Al_2(SO_4)_3$为例，它投入水中后本身会发生“电离、水化、水解、聚合、沉淀”等一系列化学反应，最后生成多种产物，如$[Al(OH)_3]_m$、铝羟基络离子等。这些反应产物对胶体和悬浮物有以下脱稳作用：降低胶体电位绝对值，吸附、架桥作用促使胶体和悬浮颗粒互相聚集长大成粗大矾花，网捕作用。

混凝过程是一个复杂的物理化学过程，因而影响混凝效果的因素较多，主要有水的 pH、投药量、原水浊度、水温、速度梯度（G）、混凝时间和接触介质等。

混凝剂的投药量应根据生水水质、运行条件、设备类型及水处理后的水质要求，经混凝实验确定。常用混凝剂及其加药浓度的大致范围：硫酸铝［$Al_2(SO_4)_3 \cdot 18H_2O$］30～80 mg/L，聚合铝［$Al_n(OH)_mCl_{3n-m}$］5～8 mg/L，硫酸亚铁（$FeSO_4 \cdot 7H_2O$）40～100 mg/L，三氯化铁（$FeCl_3$）30～70 mg/L。

不同混凝剂适用的 pH 不同，例如$Al_2(SO_4)_3$适用的 pH 为6.5～7.5。

矾花的生成与长大必须同时具备两个条件：胶体必须脱稳，水流搅拌强度适当。例如，胶体脱稳阶段搅拌强度较大，其后在矾花生长阶段搅拌强度减弱，这样既可以提供给微絮粒足够的碰撞频率，又应尽量避免打碎矾花。

由于实验条件有限，本实验只考虑混凝剂的用量和 pH 对混凝的影响。通过测定混凝剂不同投加量下浊度除去率，可以确定混凝剂最佳用量；同理，通过测定不同 pH 时浊度除去率，可以确定最佳 pH。

三、实验设备及仪器

（1）六联搅拌机，4 台。

（2）光电浊度计，4 台。

（3）pH 计，4 台。

（4）1 000、500、100 mL 烧杯，各 6 个×4 组。

（5）10 mL 移液管，4 支。

（6）温度计，4 支。

(7) 100 L 水箱，1 个。

(8) 秒表，16 块。

四、实验用试剂

(1) 10 mg/mL 硫酸铝 [$Al_2(SO_4)_3 \cdot 18H_2O$] 溶液，1 L。

(2) 10%HCl，1 L。

(3) 10%NaOH，1 L。

(4) 浊度为 100～200 mg/L 的原水，100 L。

五、实验操作

(1) 熟悉混凝搅拌机的操作，掌握浊度仪、酸度计的使用方法。

(2) 测定原水的浊度、pH、温度。

(3) 在六个 1 000 mL 的烧杯中，分别注入混合均匀的水样 1 000 mL，将混凝搅拌机的搅拌轴垂直提起，再将烧杯放入搅拌机中，放入搅拌轴并使其位于烧杯正中央水体中。

(4) 选择各个烧杯的加药量。

以硫酸铝 (1 mL=10 mg) 为混凝剂，加药量见表 2-1。

表 2-1　　硫酸铝混凝剂投药量

烧杯号	1	2	3	4	5	6
加入毫升数	1	2	3	4	5	6
相应加药量 (mg/L)	10	20	30	40	50	60

以硫酸铝 (1 mL=10 mg) 为混凝剂，同时调节 pH。(表 2-2)

表 2-2　　硫酸铝混凝剂不同 pH 的投药量

pH	5	6	7	8	9	10
烧杯号	1	2	3	4	5	6
加入毫升数	1	2	3	4	5	6
相应加药量 (mg/L)	5	10	15	20	25	30

(5) 以硫酸铝为混凝剂，用移液管按预定值将其分别移入搅拌机上的小试管中。具体步骤如下：

①按混合搅拌速度 160 r/min，开动搅拌机，待转速稳定后，转动加药柄，同时向各烧杯中倾注混凝剂溶液，以 160 r/min 的搅拌速度持续 2 min，然后将搅拌机转速降至 40 r/min，持续 15 min 后停止搅拌。

②在反应搅拌开始后，要注意观察并记录各个烧杯先后产生矾花的时间、矾花大小及疏密程度。

③反应搅拌结束后，轻轻提起搅拌叶片，不要再搅拌水样，使水样静置沉淀 10 min，并注意观察矾花沉淀情况。

④待沉淀时间到达后，同时用虹吸管吸出各烧杯中澄清水样（自液面下 1.5 cm 处取样），取样时应避免搅动已经沉淀的矾花。

⑤测定各水样的浊度、pH，并计算其除浊百分率 y。

$$y=(M_a-M_b)\div M_a\times 100\%$$

式中：M_a——原水浊度（mg/L）；M_b——残留浊度（mg/L）。

（6）以硫酸铝（1 mL＝10 mg）为混凝剂（见表 2－2），调节 pH，重复步骤（5）。

六、实验数据及结果整理

（1）实验条件：

表 2－3 实验条件

混凝剂	名称浓度（1 mL＝10 mg）		硫酸铝	硫酸铝及 pH 调节
原水条件	水样体积（mL）			
	浊度（mg/L）			
	pH			
	水温（℃）			
混凝条件	混合	速度（r/min）		
		时间（min）		
	反应	速度（r/min）		
		时间（min）		
搅拌器叶片直径（mm）				
搅拌器叶片插入水中深度 h（mm）				
1 000 mL 烧杯直径 D（mm）				
1 000 mL 烧杯 H（mm）				

（2）实验结果：

表 2-4　　实验结果

混凝剂	烧杯号	加药量/(mg/L)	凝絮出现的时间/min	沉淀后水质		
				浊度/(mg/L)	pH	除浊百分率/%
硫酸铝	1					
	2					
	3					
	4					
	5					
	6					
硫酸铝+pH 调节	1					
	2					
	3					
	4					
	5					
	6					

（3）绘制加药量—混凝后水的浊度、加药量—除浊百分率的关系曲线。

（4）结果分析：

①通过混凝过程的观察和实验结果的分析，确定最佳加药量。

②计算烧杯内水样混凝过程中反应阶段的速度梯度 G 和速度梯度与停留时间的乘积 GT 值。

七、思考题

（1）分析烧杯实验与澄清池实际运行的异同点。

（2）根据本实验结果，能否断言硫酸铝加药量越大除浊效果越好？

（3）在何种 pH 下除浊效率高？

实验三 污泥比阻的测定

一、实验目的

（1）掌握用布氏漏斗测定污泥比阻的方法。

（2）了解和掌握加药调理时选择混凝剂和确定投加量的实验方法。

二、实验原理

污泥比阻是表示污泥过滤特性的综合性指标，它的物理意义：单位质量的污泥在一定压力下过滤时在单位过滤面积上的阻力。求此值的作用是比较不同污泥（或同一污泥加入不同量的混合剂后）的过滤性能。污泥比阻越大，过滤性能越差。

过滤时滤液体积 V（mL）与推动力 p（过滤时的压强降，g/cm^2）、过滤面积 F（cm^2）、过滤时间 t（s）成正比，而与过滤阻力 R（$cm\cdot s^2/mL$）、滤液黏度 μ [g/（cm·s）] 成反比，即

$$V=\frac{pFt}{\mu R}\ (\text{mL}) \tag{2-3-1}$$

过滤阻力包括滤渣阻力 R_z 和过滤隔层阻力 R_g。阻力只随滤渣层的厚度增加而增大，过滤速度则减小。因此，将式（2－3－1）改写成微分形式：

$$\frac{\mathrm{d}V}{\mathrm{d}t}=\frac{pF}{\mu(R_z+R_g)} \tag{2-3-2}$$

由于 R_g 比 R_z 较小，为简化计算，姑且忽略不计，则

$$\frac{\mathrm{d}V}{\mathrm{d}t}=\frac{pF}{\mu\alpha'\delta}=\frac{pF}{\mu\alpha'\frac{C'V}{F}} \tag{2-3-3}$$

式中：α'——单位体积污泥的比阻；δ——滤渣厚度；C'——获得单位体积滤液所得的滤渣体积。

若以滤渣干重代替滤渣体积，单位质量污泥的比阻代替单位体积污泥的比阻，则式（2－3－3）可改写为

$$\frac{\mathrm{d}V}{\mathrm{d}t}=\frac{pF^2}{\mu\alpha CV} \tag{2-3-4}$$

式中：α 为污泥比阻，在 CGS 制中其量纲为 s^2/g，在工程单位制中其量纲为 cm/g。在定压下，在积分界线由 0 到 t 及 0 到 V 内对式（2－3－4）积分，可得

$$\frac{t}{V}=\frac{\mu\alpha C}{2pF^2}\cdot V \tag{2-3-5}$$

式（2－3－5）说明在定压下过滤，t/V 与 V 成直线关系，其斜率为

$$b=\frac{t/V}{V}=\frac{\mu\alpha C}{2pF^2}$$

则

$$\alpha=\frac{2pF^2}{\mu}\cdot\frac{b}{C}=K\frac{b}{C} \tag{2-3-6}$$

需要在实验条件下求出 b 及 C。

b 的求法：可在定压下（真空度保持不变）通过测定一系列的 t、V 数据，作 $t/V\sim V$ 曲线，用图解法求斜率（图 2－4）。

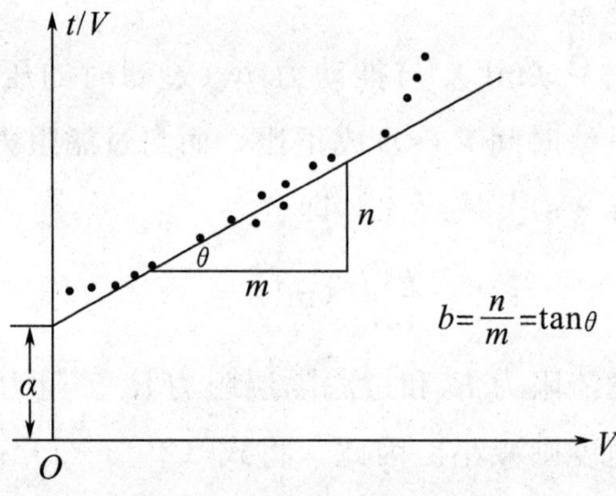

图 2－4　图解法求 b 示意图

C 的求法：根据所设定义有

$$C=\frac{(Q_0-Q_y)\ C_d}{Q_y}\ (\text{g 滤饼干重/mL 滤液}) \tag{2-3-7}$$

式中：Q_0——污泥量（mL）；Q_y——滤液量（mL）；C_d——滤饼固体浓度（g/mL）。

根据液体平衡　　$Q_0=Q_y+Q_d$

根据固体平衡　　$Q_0C_0=Q_yC_y+Q_dC_d$

式中：C_0——原污泥固体浓度，g/mL；C_y——污泥固体浓度，g/mL；Q_d——污泥固体滤饼量，mL。

可得

$$Q_y=\frac{Q_0\ (C_0-C_d)}{C_y-C_d}$$

代入式（2－3－7），化简后得

$$C=\frac{C_d\cdot C_0}{C_d-C_0}\ (\text{g/mL}) \qquad (2-3-8)$$

上述求 C 值的方法，必须测量滤饼的厚度方可求得，但在实验过程中测量滤饼厚度是很困难的且不易量准，故改用测滤饼含水比的方法求 C 值。

$$C=\frac{1}{\frac{100-C_i}{C_i}-\frac{100-C_f}{C_f}}\ (\text{g 滤饼干重/mL 滤液}) \qquad (2-3-9)$$

式中：C_i——100 g 污泥中的干污泥量；C_f——100 g 滤饼中的干污泥量。

例如污泥含水比为 97.7%，滤饼含水率为 80%，则

$$C=\frac{1}{\frac{100-2.3}{2.3}-\frac{100-20}{20}}=\frac{1}{38.48}=0.0260\ (\text{g/mL}) \qquad (2-3-10)$$

一般认为比阻为(1～10)×$10^9 s^2/g$ 的污泥算作难过滤的污泥，比阻为(0.5～0.9) ×$10^9 s^2/g$ 的污泥算作中等，比阻小于 0.4×$10^9 s^2/g$ 的污泥容易过滤。

投加混凝剂可以改善污泥的脱水性能，使污泥的比阻减小。对于无机混凝剂如 $FeCl_3$、$A1_2(SO_4)_3$等，投加量一般为污泥干质量的 5%～10%；高分子混凝剂如聚丙烯酰胺、碱式氯化铝等，投加量一般为干污泥质量的 1%。

三、实验设备及药品

实验仪器：真空抽滤装置（图 2－5）、烘箱、分析天平、磁力搅拌仪、烧杯、秒表、滤纸。

药品：$FeCl_3$、$Al_2(SO_4)_3$。

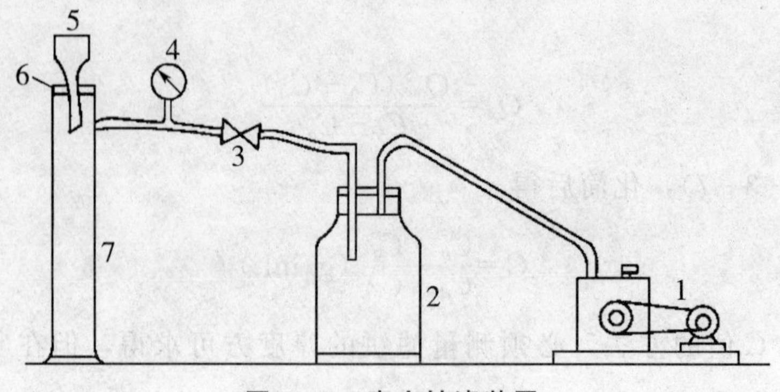

图 2-5　真空抽滤装置

①—真空泵；②—吸滤瓶；③—真空调节阀；④—真空表；⑤—布氏漏斗；⑥—吸滤垫；⑦—计量管

四、实验操作流程

（1）测定污泥的含水率，求出其固体浓度 C_0。

（2）配制 $FeCl_3$(10g/L) 和 $Al_2(SO_4)_3$（10g/L）混凝剂溶液。

（3）安装真空抽滤。

（4）取 90 mL 污泥倒入漏斗，重力过滤 1 min，启动真空泵，调节真空度至实验压力，记下滤液体积 V_0。

（5）定压过滤至滤饼破裂，真空破坏，或过滤 30～40 min，停止实验，测量滤液的体积并记录。

（6）另取 90 mL 污泥，加混凝剂 $FeCl_3$ 或 $Al_2(SO_4)_3$（加量一般为干污泥质量的 0～10%）重复以上实验步骤。

（7）将过滤后的滤饼放入烘箱，在 103～105℃的温度下烘干，称重。

（8）计算出滤饼的含水率，求出单位体积滤液的固体量 C。

五、实验数据处理

（1）测定并记录实验基本参数：原污泥的含水率及固体浓度 C_0，实验真空度（mmHg），不加混凝剂的滤饼的含水率，加混凝剂的滤饼的含水率。

（2）将布氏漏斗实验所得数据按表 2-5 记录并计算。

（3）以 t/V 为纵坐标、V 为横坐标作图，求 b。

（4）根据原污泥的含水率及滤饼的含水率求出 C。

（5）列表计算比阻值 α（表 2－6）。

（6）以比阻为纵坐标、混凝剂投加量为横坐标作图，求出最佳投加量。

表 2－5 布氏测斗实验所得数据

时间/s	计量管滤液量 V'/mL	滤液量 $V=V'-V_0$/mL	$\frac{t}{V}$/（s/mL）	备注

表 2－6 比阻值计算

污泥含水率/%	污泥固体浓度/（g/cm³）	混凝剂用量/%	$Lg2=\frac{n}{m}=b$/（s/cm⁶）	$K=\frac{2pF^2}{\mu}$						皿+滤纸重/g	皿+滤纸滤饼湿重/g	皿+滤纸滤饼干重/g	滤饼含水率/%	单位体积滤液的固体重 C/（g/cm³）	比阻值 α/（s²/g）
				布氏漏斗直径 d/cm	过滤面积 F/cm²	面积平方 F^2/cm⁴	滤液黏度 μ/［g/（cm·s）］	真空压力 p/（g/cm²）	K值/（s·cm³）						

六、实验注意事项

（1）抽真空装置应均不漏气。

（2）真空度始终保持一致。

（3）在污泥中加混凝剂应充分搅拌，并立即进行实验。

（4）做对比实验时，每次取样的污泥浓度应均匀一致。

实验四　污水可生化性实验

污水可生化性实验，是研究污水中有机污染物可被微生物降解的程度，为选定该污水处理工艺方法、处理工艺流程提供必要的依据。测定方法较多，本实验介绍 BOD_5/COD 比值的测定方法。

一、实验目的

生物处理法去除污水中的胶体及溶解的有机污染物，具有高效、经济的优点，因而在选择污水处理方法和确定工艺流程时，往往首先想到这种方法。在一般情况下，生活污水、城市污水完全可以采用此法。对于各种各样的工业污水来讲，某些工业污水含有难以生物降解的有机物，或含有能够抑制或毒害微生物生理活动的物质，或缺少微生物生长所必需的某些营养物质，因此为了确保污水处理工艺选择的合理与可靠，通常要进行污水的可生化性实验。

本实验的目的：鉴定城市污水或工业污水能够被微生物降解的程度，以便选用适宜的处理技术和确定合理的工艺流程；了解并掌握测定污水可生化性实验的方法（BOD_5/COD 比值法）。

二、实验原理

污水中的有机污染物，有些是可被微生物降解的，有些则是不易为微生物降解的。COD 是以重铬酸钾为氧化剂，在一定条件下，氧化有机物时用所消耗氧的量来间接表示污水中有机物数量的一种综合性指标。BOD_5 是在氧充足条件下，用微生物降解有机物时所消耗的水中溶解氧量表示污水中有机物量的综合性指标。可把测得的 BOD_5 值看成可降解的有机物量，而 COD 代表的则是全部的有机物，所以 BOD_5/COD 比值反映了污水中有机物的可降解程度。

污水一般按 BOD_5/COD 比值分类：$BOD_5/COD>0.58$，为完全可生物降解污水；$BOD_5/COD=0.45\sim0.58$，为生物降解性能良好污水；BOD_5/

COD=0.30～0.45，为可生物降解污水；$BOD_5/COD<0.30$，为难生物降解污水。

三、底物的制备

反应瓶内反应所需的底物，应根据实验目的而定。

（1）由现场取样，或根据需要对水样加以处理，或在水样中加入某些成分后，作为底物。

（2）人工配制各种浓度或不同性质的污水作为底物。

本实验是取生活污水，并加入 Na_2S 配制几种不同含硫浓度的废水，其浓度分别为 5 mg/L、15 mg/L、40 mg/L、60 mg/L。

四、注意事项

（1）活性污泥悬浮液的制备，一定要按步骤进行，保证污泥进入内源呼吸期。

（2）为了保证实验结果的精确可靠，必要时，可先用一个反应瓶进行必要的演练，分析含硫浓度对生化呼吸过程的影响，以及生物处理可允许的合理浓度。

五、思考题

（1）什么是内源呼吸？

（2）何为生物耗氧？

实验五　曝气充氧能力测定

一、实验目的

（1）测定曝气设备（曝气器或表面）氧总转移系数 K_{La}值。

（2）加深理解曝气充氧的机理及影响因素。

（3）了解掌握曝气设备清水充氧性能的测定方法，评价氧转移效率 E_A 和动力效率 E_P。

二、实验原理

活性污泥法处理过程中曝气设备的作用是使空气、活性污泥和污染物三者充分混合，使活性污泥处于悬浮状态，促使氧气从气相转移到液相，从液相转移到活性污泥上，保证微生物有足够的氧进行物质代谢。氧的供给是保证生化处理过程正常进行的主要因素之一，工程设计人员和操作管理人员常需通过实验测定氧的总传递系数 K_{La}，评价曝气设备的供氧能力和动力效率。

（一）氧的总传递系数 K_{La}

不稳定状态下进行实验：在生产现场用自来水或曝气池出流的上清液进行实验时，先用亚硫酸钠（或氮气）进行脱氧，使水中溶解氧降到零，再曝气，直至溶解氧升高接近饱和水平。假定这个过程中液体是完全混合的，符合一级动力学反应，水中溶解氧的变化可用式（2-5-1）表示：

$$\frac{dC}{dt}=K_{La}(C_S-C) \tag{2-5-1}$$

式中：dC/dt——氧转移速率〔mg/（L·h)〕；K_{La}——氧的总转递系数（1/h)，可以认为是混合系数，其倒数表示使水中的溶解氧由 C 变到 C_S 所需要的时间，是气液界面阻力和界面面积的函数；C_S——实验条件下自来水（或污水）的溶解氧饱和浓度（mg/L)；C——相应于某一时刻 t 的溶解氧浓度（mg/L)。

将式（2-5-1）积分得

$$\ln(C_S-C)=-K_{La}\cdot t+\text{常数} \tag{2-5-2}$$

式（2-5-2）表明，通过实验测得 C_S 和相应于每一时刻 t 的溶解氧浓度 C 值后，绘制 $\ln(C_S-C)$ 与 t 的关系曲线，其斜率即 K_{La}。另一种方法是先作 C 与 t 关系曲线，再作对应于不同 C 值的切线得到相应的 dC/dt，最后作 dC/dt 与 C 关系曲线，也可以求得 K_{La}。

（二）充氧能力和动力效率

充氧能力可以用下式表示：

$$O_C=K_{La(20)}C_{S(标)}V \tag{2-5-3}$$

式中：V 为曝气池体积（m^3）。

动力效率常被用以比较各种曝气设备的经济效率，计算公式为

$$E=\frac{O_C}{N} \tag{2-5-4}$$

式中：O_C——标准条件下的充氧能力〔kg（O_2）/h〕；N——采用叶轮曝气时，N 为轴功率（kW）。

采用射流曝气时，计算氧转移效率为

$$E_A=\frac{O_C}{S}\times 100\% \tag{2-5-5}$$

S 为 20℃的供氧量：

$$S=21\%\times 1.33Q_{(20)} \tag{2-5-6}$$

式中：$Q_{(20)}$ 为 20℃时空气量（m^3/h），表示为

$$Q_{(20)}=\frac{Q_t}{\frac{P_0T}{PT_0}}\approx Q_t \tag{2-5-7}$$

式中：Q_t——转子流量计示数（m^3/h）；P_0——标准状态时空气的压力（一个大气压）；T_0——标准状态时空气的绝对温度；P——实验条件下空气的压力；T——实验条件下空气的绝对温度。

上述方法适用于完全混合型曝气设备充氧能力的测定。推流式曝气池中 K_{La}、C 是沿池长方向变化的，不能采用上述方法进行测定。

三、实验装置与试剂

（一）实验装置

实验装置的主要部分为泵型叶轮、射流曝气设备和模型曝气池，为保持曝气叶轮转速在实验期间恒定不变，电动机要接在稳压电源上。

实验设备和仪器仪表：

（1）曝气池模型（有机玻璃质）1 个，高度 H=36 cm，直径 D=29 cm；

（2）泵型叶轮（铜质）1 个，直径 D=12 cm；

（3）电动机（单向串激）1 台，220V，2.5A；

（4）直流稳压电源（YJ 44 型）1 台，0～30V，0～2A；

（5）溶解氧测定仪 1 台；

(6) 电磁搅拌器1台；

(7) 卷尺1个；

(8) 秒表1块；

(9) 烧杯（200 mL）3个；

(10) 计算器（自带）。

(二) 实验试剂

(1) 亚硫酸钠（$Na_2SO_3 \cdot 7H_2O$）；

(2) 氯化钴（$CoCl_2 \cdot 6H_2O$）。

四、实验步骤

(1) 确定曝气池内测定点（或取样点）位置。通常在平面上测定点可以布置在三等分池子半径的中点和终点，在立面上布置在离池面和池底分别为0.3 m处，以及池子一半深度处，共取9个测定点。本实验模型较小，故可以仅确定一个测定点。

(2) 曝气池内注入自来水，水面没过叶轮5 cm深左右，测定曝气池内水的体积，并测定水中溶解氧。

(3) 计算$CoCl_2$和Na_2SO_3的需要量。

$$Na_2SO_3+\frac{1}{2}O_2 \xrightarrow{CoCl_2} Na_2SO_4 \tag{2-5-8}$$

从上面的反应式可以知道，每去除1 mg溶解氧需要投加7.9 mg Na_2SO_3。根据池子的容积和自来水（或污水）的溶解氧浓度可以算出Na_2SO_3的理论需要量，实际投加量应为理论值的150%～200%，计算方法为

$$W_1=V\times C_S\times 7.9\times(150\sim200)\% \tag{2-5-9}$$

式中：W_1——Na_2SO_3的实际投加量（mg）；V——曝气池体积（m^3或L）。

催化剂氯化钴的投加量，按维持池子中的钴离子浓度为0.05～0.5 mg/L计算（用温克尔法测定溶解氧时建议用下限），计算方法为

$$W_2=V\times 0.5\times\frac{129.9}{58.9} \tag{2-5-10}$$

式中：W_2——$CoCl_2$的投加量（mg）。

(4) 将Na_2SO_3和$CoCl_2$溶解后直接投入曝气池内，缓慢搅拌1～2 min

使 Na_2SO_3 扩散至完全混合。

（5）待溶解氧降到零并达到稳定时，开始正常曝气，计时每隔 10～15 s 测定溶解氧浓度，并作记录，直到溶解氧达饱和值时结束实验。

（6）重复实验一次，投加适量 Na_2SO_3 搅拌，并将溶解氧降至零后，将水面高度下降到叶轮表面，正常曝气，每隔 5 s 记录溶解氧浓度，直至饱和。

（7）注意事项：

①溶解氧测定仪需在教师指导下正确操作，用完后用蒸馏水仔细冲洗探头，并用吸水纸小心吸干探头膜表面的水珠，盖上探头套待用。

②注意实验期间要保证供气量恒定。

五、实验结果整理

（1）记录实验设备及操作条件的基本参数。

实验日期：________年________月________日。

模型曝气池：内径 $D=$ ________ m，高度 $H=$ ________，体积 $V=$ ________ L，水温________℃，室温________℃，气压________ kPa。

实验条件下自来水的 C_S________ mg/L。

$CoCl_2$ 投加量________ g。Na_2SO_3 投加量________ g。

（2）记录不稳定状态下充氧实验测得的溶解氧值（表 2－7），并进行数据整理。

表 2－7　　实验数据记录

1	$T_{(s)}$														
	C														
	$T_{(s)}$														
	C														
2	$T_{(s)}$														
	C														
	$T_{(s)}$														
	C														

续表

3	$T_{(s)}$															
	C															
	$T_{(s)}$															
	C															

（3）以溶解氧浓度 C 为纵坐标、时间 t 为横坐标，作 $C—t$ 关系曲线。

（4）根据 $C—t$ 实验曲线计算相应于不同 C 值的 dC/dt，以 $\ln(C_S—C)$ 和 dC/dt 为纵坐标、时间 t 为横坐标，绘制出两条实验曲线。

（5）分析在不同埋深高度下叶轮曝气的 K_{La} 及充氧能力。

六、实验结果讨论

（1）本实验中表面曝气装置和液面的相对位置对测试结果有什么影响？

（2）如果 Na_2SO_3 的投加量过大，会对实验结果产生什么影响？

CHAPTER 3 第三章

污水处理构筑物单元实验

实验一　加压溶气气浮实验

一、实验目的

(1) 进一步了解和掌握气浮净水方法的原理及其工艺流程。

(2) 掌握气浮法设计参数“气固比”及“释气量”的测定方法及整个实验的操作技术。

(3) 了解悬浮颗粒浓度、操作压力、气固比、澄清分离效果之间的关系，加深对基本概念的理解。

二、实验原理

在水污染控制工程中，固液分离是一种很重要的水质净化单元过程。气浮法是进行固液分离的一种方法，它常被用来分离密度小于或接近于1、难以用重力自然沉降法去除的悬浮颗粒。例如，从天然水中去除藻、细小的胶体杂质，从工业污水中分离短纤维、石油微滴等，有时还用于去除溶解性污染物如表面活性物质、放射性物质等。气浮法在自来水厂、城市污水处理厂以及炼油厂、食品加工厂、造纸厂、毛纺厂、印染厂、化工厂等的水处理都有所应用。

气浮法具有处理效果好、周期短、占地面积小及处理后的浮渣中固体物质含量较高等优点，但也存在设备多、操作复杂、动力消耗大的缺点。

气浮法就是使空气以小气泡的形式出现于水中并慢慢自下而上地上升，

上升过程中气泡与水中污染物质接触，并把污染物质黏附在气泡上（或气泡附于污染物上），从而形成密度小于水的气一水结合物浮升到水面，使污染物质从水中分离出去。

产生密度小于水的气—水结合物的主要条件：水中污染物质具有足够的憎水性，加入水中的空气所形成气泡的平均直径不宜大于 70 μm，气泡与水中污染物质应具有足够的接触时间。

气浮法按水中气泡产生的方法可分为分散空气气浮、溶气气浮和电解气浮几种。分散空气气浮法气泡直径较大、气浮效果较差，而电解气浮法耗电较多，因此目前应用气浮法的工程中，以加压溶气气浮法最多。

由于悬浮颗粒的性质、浓度、微气泡的数量和直径等多种因素都对气浮效率有影响，因此气浮处理系统的设计运行参数常常需要通过实验确定。

压力溶气气浮法的工艺流程如图 3－1 所示，目前以部分回流加压溶气气浮应用最广〔见图 3－1（c)〕。

进行气浮时，用水泵将污水抽送到压力为 2～4 个大气压的溶气罐中，同时注入加压空气，空气在罐内溶解于加压的污水中，然后使经过溶气的水通过减压阀进入气浮池，此时压力突然降低，溶解于污水中的空气便以微气泡形式从中释放出来。微细气泡上升的过程中附着于悬浮颗粒上，使颗粒密度减小，上浮到气浮池表面，与液体分离。

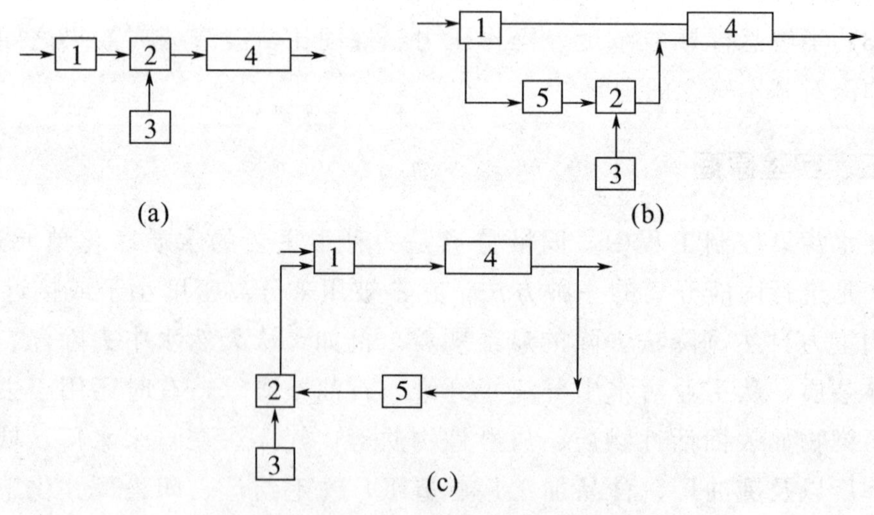

图 3－1　加压溶气气浮的三种形式

（a）全部废水加压溶气气浮　（b）部分废水加压溶气气浮　（c）部分处理过的废水加压溶气气浮

1—进水泵；2—溶气罐；3—压缩空气机；4—气浮池；5—溶气水加压泵

由斯托克斯公式：

$$V=\frac{g}{18\mu}(\rho_{水}-\rho_{颗})d^2 \tag{3-1-1}$$

黏附于悬浮颗粒上的气泡越多，颗粒与水的密度差（$\rho_{水}-\rho_{颗}$）就越大，悬浮颗粒的特征直径也越大，两者都使悬浮颗粒上浮速度增快，提高固液分离的效果。水中悬浮颗粒浓度越高，气浮时需要的微细气泡数量越多，通常以气固比表示单位重量悬浮颗粒需要的空气量。气固比与操作压力、悬浮固体的浓度、性质有关。对活性污泥进行气浮时，气固比为 0.005～0.06，变化范围较大。气固比可按下式计算：

$$\frac{A}{S}=\frac{1.3S_0(fP-1)Q_r}{QS_i} \tag{3-1-2}$$

式中：A/S——气固比（释放的空气/悬浮固体）；S_i——入流中的悬浮固体浓度（mg/L）；Q_r——加压水回流量（L/d）；Q——污水流量（L/d）；S_0——某一温度时的空气溶解度（可查表 3－1 得到）；P——绝对压力与大气压的比值，$P=\frac{p+101.32}{101.32}$，$p$ 为表压（kPa）；f 为压力为 P 时水中的空气溶解系数，通常采用 0.5；系数 1.3—1 mL 空气的重量（mg）。

表 3－1　　空气溶解度

温度（℃）	0	10	20	30
S_0（mL/L）	29.18	22.84	18.62	15.64

出水中的悬浮固体浓度和浮渣中的固体浓度与气固比的关系如图3－2所示。由图 3－2 可以看到，在一定范围内，气浮效果随气固比的增大而增大，即气固比越大，出水悬浮固体浓度越低，浮渣的固体浓度越高。

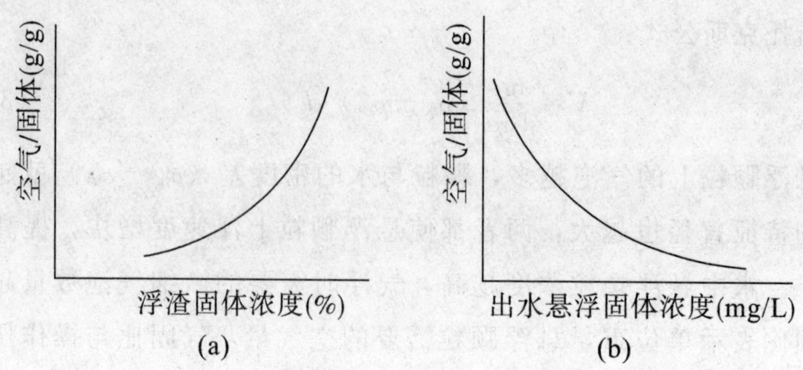

图 3-2　气固比对浮渣固体浓度和出水悬浮固体浓度的影响

三、实验装置及设备

(一) 测定气固比的实验装置及设备

1. 实验装置

测定气固比的实验装置由吸水池、水泵、溶气罐、空气压缩机、溶气释放器、气浮池等部分组成，如图 3-3 所示。

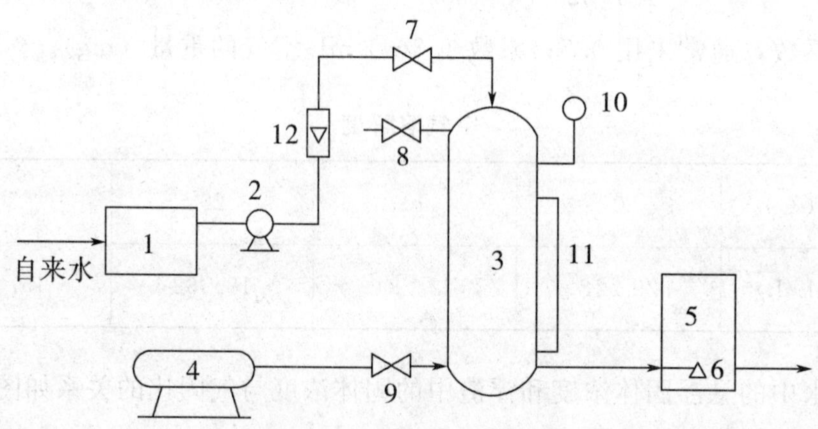

图 3-3　加压溶气气浮装置

1—吸水池；2—水泵；3—溶气罐；4—空气压缩机；5—气浮池；6—溶气释放器；7—进水阀；8—调压阀；9—进气阀；10—压力表；11—水位计；12—玻璃转子流量计

溶气罐是个内径 300 mm、高 2.2 m、装有水位计的钢质压力罐。灌顶有调压阀，实验时用调压阀排去未溶空气并控制罐内压力，进气阀用以调节来自空压机的压缩空气量。水位计用以观察压力罐内水位，以便调节调压阀，使溶气罐内液位在实验期间基本保持稳定。

2. 实验设备和仪器仪表

(1) 吸水池：硬塑料质，0.7m×0.7m×0.7m，1 个。

(2) 水泵：2B—6 型，流量为 10～30 m^3/h，扬程为 34.5～24 m。

(3) 溶气罐：钢质，高度 H=2.2m，直径 D=300mm，1 个。

(4) 精密压力表：0.59MPa（6 kgf/cm^2），1 个。

(5) 空气压缩机：Z—0.025/B 型，1 台。

(6) 释放器：TS—1 型，1 个。

(7) 气浮池：有机玻璃质，1 个。

(8) 玻璃转子流量计：LZB—40 型，1 个。

(9) 烘箱 1 台。

(10) 分析天平 1 台。

(11) 量筒：100 mL，10 个。

(12) 三角烧杯：200 mL，10 个。

(13) 称量瓶 10 个。

(14) 温度计 1 支。

(二) 测定释气量的实验装置与设备

1. 实验装置

测定释气量的实验装置由释气瓶、量筒、量气管、水准瓶等组成，如图 3-4 所示。释气瓶用 2 500 mL 抽滤瓶改装，瓶口橡皮塞宜加工成适于排尽瓶中空气的形状。

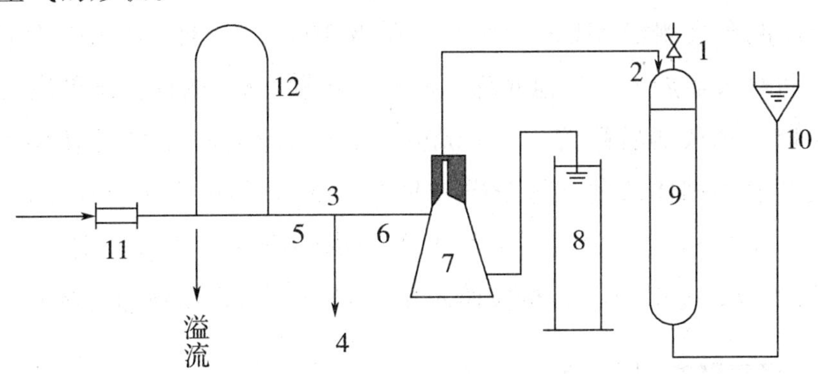

图 3-4 释气量测定装置

1、2—旋塞；3—三通阀；4、5、6—连通管；7—释气瓶；8—量筒；9—量气管；10—水准瓶；11—释放器；12—溢流管

2. 实验设备和仪器仪表

（1）水准瓶（可用大漏斗代替）1 个；

（2）量气管：100 mL，1 个；

（3）抽滤瓶（释放瓶）：2 500 mL，1 个；

（4）量筒：1 000 mL，1 个；

（5）三通阀 1 个；

（6）释放器：TS－1 型，1 个；

（7）秒表 1 块。

四、实验步骤

本实验是在压力溶气气浮装置中，用城市污水处理厂的活性污泥混合液测定气固比对气浮效率的影响，用自来水测定气浮装置释气量。

（一）气固比的测定

（1）启动空气压缩机。

（2）启动水泵，将自来水打入溶气罐。

（3）开启溶气罐进气阀门，并通过调节调压阀和进水阀门使溶气罐内的压力与水位基本稳定（建议溶气罐的操作压力为 0.29 MPa，即 3 kgf/cm^2）。

（4）按气浮池容积和回流比（可先设为 0.4），计算应加入气浮池的活性污泥混合液的体积和溶气水的体积。

（5）按实验步骤（4）的计算结果将活性污泥混合液加入气浮池，同时取 200 mL 混合液测定 MLSS（每个样品取 100 mL，做两个平行样品）。

（6）将释放器放入气浮池底部，按实验步骤（4）的计算结果注入溶气水。

（7）取出释放器后静置 5～6 min，从气浮池的底部取澄清水 200 mL，测定出流的悬浮固体浓度（每个样品取 100 mL，做两个平行样品）。

（8）在工作压力、活性污泥浓度不变的情况下，改变回流比，使其分别为 0.6、0.7、0.8、1.0，按实验步骤（4）～（7）继续进行实验。

（二）释气量的测定

（1）按图 3－4 组装实验装置。

（2）将三通阀 3 置于连通管 4 和 5 相通的位置。

（3）调节溢流管的管顶标高，使分流到管 4 的流量为 0.75～1.0 L/min。

（4）用自来水充满整个实验装置。

（5）关闭旋塞 1，打开旋塞 2，降低水准瓶，以排除释放瓶中的空气泡，待空气泡排完后关闭旋塞 2，倒掉量筒中的水。

（6）将三通阀 3 切换到管 5 和管 6 相通的位置，此时，溶气水流入释气瓶，瓶中原有的水被挤出流入空量筒内，当量筒内水到 11 刻度时，立即将三通阀 3 切换至测定前的位置（即连通管 4 与 5 相通的位置）。

（7）打开旋塞 2，等释气瓶没有气泡后，降低水准瓶，使释气瓶中水位上升，直到瓶中的气体全部被挤到量气管后关闭旋塞。

（8）使水准瓶和量气管的液位相同（用调节水准瓶高度的方法），从量气管刻度读取气体体积。此体积为每升溶气水减压至 1 个大气压时所释出的气体体积。

五、注意事项

（1）进行气固比测定时，回流比的取值与活性污泥混合液的浓度有关。当活性污泥浓度为 2 g/L 左右时，按回流比 0.2、0.4、0.6、0.8、1.0 进行实验；当活性污泥浓度为 4 g/L 左右时，回流比可按 0.4、0.6、0.7、0.8、1.0 进行实验。

（2）实验选用的回流比数至少要有 5 个，以保证能较正确地绘制出气固比与出水悬浮固体浓度关系曲线。

（3）实验装置中所列的水泵、吸水池和空压机可供 8 组学生同时进行实验。

六、实验结果整理

（1）记录实验条件：

实验日期：________年________月________日。

活性污泥采样浓度：________ mg/L。

气温：________℃。

空气的容重：________ mg/L。

水温：________℃。

空气溶解度：________ mL/L。

溶气罐的工作压力：______ Pa。

(2) 测定气固比实验数据记录可参考表 3-2 进行。

(3) 将表 3-2 实验数据整理列入表 3-3 中。

表 3-2 **气固比实验数据记录**

回流比 R $(=\frac{Q_r}{Q})$	0.2	0.4	0.6	0.8	1.0	MLSS（mg/L）
称量瓶序号						
后读数（g）						
前读数（g）						
差值（g）						

表 3-3 **气固比实验数据整理**

回流比	
出水悬浮固体浓度（mg/L）	
气固比 R	
去除率（%）	

(4) 根据表 3-3 数据绘制气固比与出水 MLSS 浓度间关系曲线（参考图 3-2）。

(5) 若实验时测定了浮渣固体浓度，可根据实验结果再绘制出气固比与浮渣固体浓度之间关系曲线。

七、问题与讨论

(1) 应用已掌握的知识分析取得释气量测定结果的正确性。

(2) 试述工作压力对溶气效率的影响。

(3) 拟定一个测定气固比与工作压力之间关系的实验方案。

(4) 气浮法与沉淀法有什么相同之处？有什么不同之处？

(5) 选定了气固比、工作压力和溶气效率，试推导求回流比 R 的公式。

实验二 电渗析除盐实验

一、实验目的

(1) 了解电渗析装置的构造及工作原理。

(2) 掌握电渗析法除盐技术，求脱盐率及电流效率。

(3) 通过实验加深理解电渗析除盐的工作原理。

二、实验原理

电渗析法的工作原理：在外加直流电场作用下，利用离子交换膜的选择透过性（即阳膜只允许阳离子透过，阴膜只允许阴离子透过），使水中阴、阳离子做定向迁移，从而使离子从水中分离的一种物理化学过程。

电渗析装置由许多只允许阳离子通过的阳离子交换膜C和只允许阴离子通过的阴离子交换膜A组成。在阴极与阳极之间将阳膜与阴膜交替排列，并用特制的隔板将两种膜隔开，隔板内有水流的通道。进入淡室的含盐水，在两端电极接通直流电源后，即开始了电渗析过程，水中阳离子不断透过阳膜向阴极方向迁移，阴离子不断透过阴膜向阳极方向迁移，结果是含盐水逐渐变成淡水。进入浓室的含盐水，由于阳离子在向阴极方向迁移中不能透过阴膜，阴离子在向阳极方向迁移中不能透过阳膜，于是，含盐水因不断增加由邻近淡室迁移透过的离子而变成浓盐水。这样，在电渗析装置中，组成了淡水和浓水两个系统。与此同时，在电极和溶液的界面上，通过氧化还原反应，发生电子与离子之间的转换，即电极反应。

以食盐水溶液为例，阴极还原反应为 $H_2O \rightarrow H^+ + OH^-$，$2H^+ + 2e \rightarrow H_2 \uparrow$；阳极反应为 $H_2O \rightarrow H^+ + OH$，$4OH^- \rightarrow O_2 \uparrow + 2H_2O + 4e$ 或 $2Cl^- \rightarrow Cl_2 \uparrow + 2e$。

所以，在阴极不断排出氢气，在阳极不断排出氧气或氯气。此时，阴极室溶液呈碱性，当水中有 Ca^{2+}、Mg^{2+}、HCO_3^- 等离子时，会生成 $CaCO_3$ 和 $Mg(OH)_2$ 水垢，集结在阴极上，而阳极室溶液则呈酸性，对电机造成强烈的腐蚀。

在电渗析过程中，电能的消耗主要用来克服电流通过溶液、膜所受到的阻力以及进行电极反应。运行时，盐水分别流经浓室、淡室、极室，淡室出水即为淡化水，浓室出水即为浓盐水，极室出水不断排除电极过程的反应物质，以保证渗析的正常运行。

三、实验设备及仪器

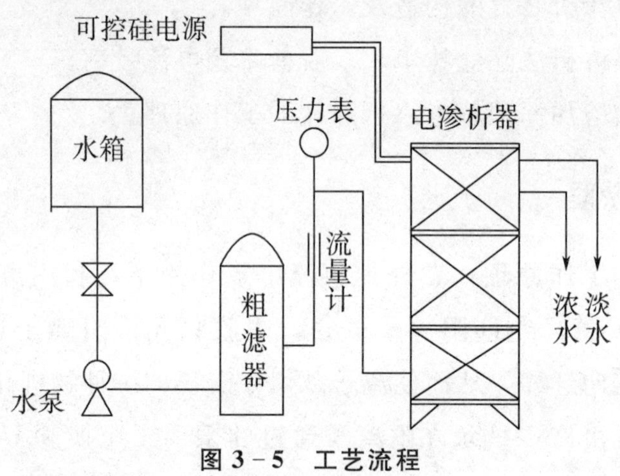

图 3－5　工艺流程

（一）技术指标

（1）处理水量：100 L/h。

（2）出水水质：电渗析器除盐率≥90％。

（3）膜对数：120 对，4 级 8 段。

（4）压力为 1.5 kg，使用电压为 30～45 V 的直流电。

（5）环境温度：5～40℃。

（6）离子交换膜：异相阳、阴离子交换膜。

（7）工作压力：＜200 kPa。

（二）设备装置

（1）304 耐腐泵 1 个。

（2）进水流量计 1 个。

（3）粗滤装置 1 套。

（4）可控硅直流电源：功率 100 W，输出电压为 30～40 V，输出电流为 0～1 A。

（5）浓水出水口 1 个。

(6) 淡水出水口1个。

(7) 仪表控制柜1个。

(8) 漏电保护器1个。

(9) 连接管道及阀门1套。

(10) 实验台架1套。

(11) PVC储水箱1个。

电渗析器外形尺寸为200 mm×150 mm×340 mm。

四、实验用试剂

氯化钠：0.1 mol/L。

五、实验操作步骤

(一) 电渗析装置运行前的准备工作

用原水浸泡阴、阳膜，使膜充分伸胀（一般泡48 h以上），待尺寸稳定后洗净膜面杂质，然后清洗隔板及其他部件，安装好电渗析装置。

(二) 开启电渗析装置及其工作过程

(1) 开动水泵，同步缓缓地开启流量计，调节流量（记录 Q）并保证压力均衡。

(2) 待流量稳定后，开启电源，调到相应的控制电压值（30～45 V）。

(3) 测定淡水进出口的水质。

(4) 每隔10 min用重量法测定进出水的含盐量（共计要取5个样品）。

(三) 水含盐量的分析（重量法测定水含盐量）

(1) 将2个陶瓷蒸发皿在烘箱中105℃恒温烘干，然后取出放在干燥器内冷却至室温，冷却（以达到恒重）后称量，记录为 W_0。

(2) 取一定体积的水样（10 mL）放在称量后的蒸发皿中，放在烘箱内（105℃）继续烘干，冷却后称重，记录为 W。

六、实验数据及结果整理

（一）求水含盐量

$$含盐量\ (mg/L) = \frac{W-W_0}{V} \times 10^6 \qquad (3-2-1)$$

式中：W——蒸发皿及残渣的总质量（g）；W_0——蒸发皿质量（g）；V——水样体积（mL）。

（二）求脱盐率

$$脱盐率 = \frac{C_1-C_2}{C_1} \times 100\% \qquad (3-2-2)$$

式中：C_1——进口含盐量（mg/L）；C_2——出口含盐量（mg/L）。

（三）求电流效率

$$电流效率 = \frac{q\ (C_1-C_2)\ F}{1\ 000I} \times 100\% \qquad (3-2-3)$$

式中：q——一个淡水室（相当于一对膜）单位时间的出水量（L/s）；C_1、C_2——进出口含盐量（mg/L）；F——法式常数 96 500（C/mol）；I——电渗析装置的实际操作电流（A）。

实验三　离子交换实验

一、实验目的

（1）加深对离子交换基本理论的理解。

（2）了解并掌握离子交换装置的运行和操作方法。

（3）学会离子交换树脂交换容量的测定。

（4）了解离子交换树脂理论交换容量和工作交换容量的概念。

二、离子交换脱碱软化

离子交换是一种常用于重金属废水回收处理的方法，如电镀废水、含汞废水等的回收处理。此法也是医药、化工等工业用水处理的普通方法，它可以去除或交换水中溶解的无机盐，调节水的硬度、碱度，制取无离子水。

在应用离子交换法进行水处理时，需要根据离子交换树脂的性能设计离子交换设备，决定交换设备的运行周期和再生处理，这既有理论计算问题又有实验问题。本实验通过离子交换设备运转，进行离子交换脱碱软化、除盐，无疑是理论和实际相结合的问题。

含有 Ca^{2+} 、Mg^{2+} 等杂质的原水流经交换树脂层，水中的 Ca^{2+} 、Mg^{2+} 首先与树脂上的可交换离子进行交换，最上层的树脂首先失效，变成了 Ca、Mg 型树脂。水流通过该层后水质没有变化，故这一层成为饱和层或失效层，在它下面的树脂层成为工作层，又与水中 Ca^{2+} 、Mg^{2+} 进行交换，直至它们达到平衡。实际上，天然水不会只有一种阳离子，而常含有多种阴、阳离子，所以离子的交换过程就比较复杂。就软化而言，当水流经过交换层后，各阳离子按其被交换剂吸着能力的大小，自上而下地分布在交换层中，它们是 Fe^{3+} 、Al^{3+} 、Ca^{2+} 、Mg^{2+} 、K^{+} 、Na^{+} 等。如果采用 Na 型交换树脂，出水中就不可避免地有 $NaHCO_3$ 存在，因而使碱度增加。生产上常采用 H－Na 型交换树脂并联形式。

为了方便起见，在水分析时，假定水中只有 K^{+} （Na^{+} ）、Ca^{2+} 、Mg^{2+} 、HCO_3^{-} 、SO_4^{2-} 、Cl^{-} 等主要离子，这样碱度仅为碳酸盐碱度。总硬度和总碱度之差即为 $SO_4^{2-}+Cl^{-}$ 的含量。

三、实验装置与设备

离子交换器脱碱软化装置示意图如图 3－6 所示。

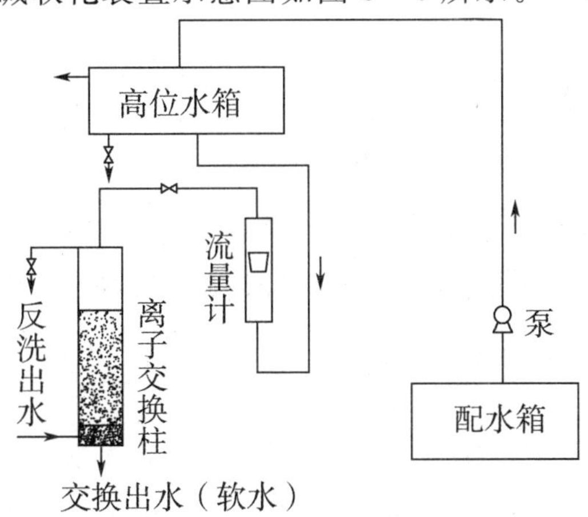

图 3－6　离子交换脱碱软化实验装置示意图

离子交换脱碱软化装置中，交换柱用有机玻璃制成，尺寸为∅80 mm×1 000 mm。离子交换除盐实验装置如图 3－7 所示。

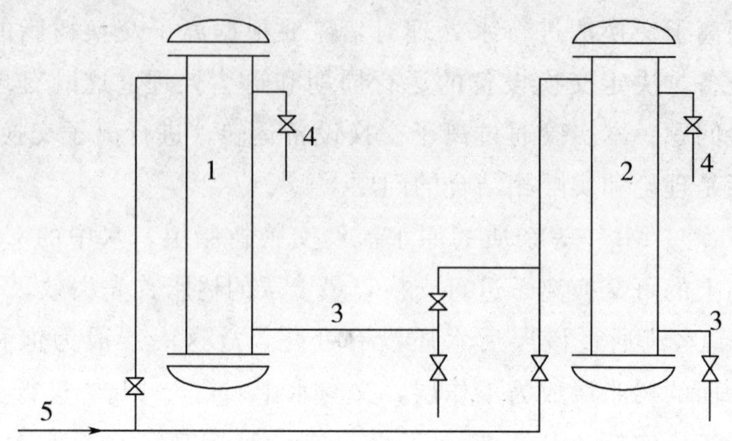

图 3－7　离子交换除盐实验装置示意图

1－H 型交换柱；2－Na 型交换柱；3－出水管；4－再生液进水管；5－进水管

（一）实验装置

离子交换实验装置仅包括离子交换柱及柱上相关的进水管、出水管、流量计、再生液进水管、阀门及固定交换柱的钢架、再生液水箱等。

1. 技术参数

（1）离子交换柱：外形尺寸为直径×高＝∅80 mm×1 000 mm。

（2）数量：阴柱、阳柱共 4 根，两组，一根阴柱、一根阳柱为一组，可任意串联并进行离子再生。

（3）处理水量：75～126 L/h。

（4）环境温度：5～40℃。

2. 实验装置组成

进水管，出水管，进水泵 1 台，流量计 4 个，配水箱 1 个，再生液水箱 2 个，离子再生装置，阴树脂 2 套，阳树脂 2 套，取样口，反冲洗管道，阀门，固定交换柱的支架等。装置总长×总宽×总高＝1 200 mm×800 mm×1 900 mm。

（二）实验设备及仪器仪表

天平，pHS型酸度计，DDS－11型电导仪，强酸阳树脂（25 kg），真空抽吸装置，三角烧瓶，移液管，滴定管，量筒，容量瓶，试剂瓶，烧杯。

四、实验步骤

（一）离子交换脱碱软化实验步骤

（1）取进入交换柱前的自来水水样100 mL，置于250 mL锥形瓶中，测出总碱度。

（2）取上述水样50 mL置于250 mL锥形瓶中，测出总硬度。

（3）根据原水的总硬度和总碱度指标，利用H—Na型交换柱流量分配比例关系式确定进入H—Na型交换柱各流量比例。

（4）取H型交换柱流速为15 m/h时，确定Na型交换柱流速。

（5）打开各柱进水阀门，调整进水流量。

（6）交换10 min后，测定H—Na型各交换柱流出水的pH、硬度、碱度和混合水的碱度、pH。

（7）改变上述交换柱流速，分别取20m/h、25 m/h、……重复步骤（5）和（6）。

（8）交换结束后，阳离子交换柱分别用15 m/h的自来水反洗2 min，并分别通入5％的HCl、4％的NaOH至淹没交换层10 cm。

（9）关闭各进水阀门。

（二）注意事项

离子交换脱碱软化实验所用原水系一般自来水。如果碱度、硬度偏低，可自行调配水样。

五、实验结果整理

（1）实验所测各数据建议按照表3－4填写。

表 3－4　　离子交换脱碱软化实验记录

实验日期：________年________月________日
原水样：总硬度________（mmol/L）　碱度________（mmol/L）　pH________

编号	交换柱类型	交换速度(m/h)	总硬度(mmol/L)	碱度(mmol/L)	碳酸盐硬度(mmol/L)	非碳酸盐硬度(mmol/L)	pH	混合后水质	
								硬度(mmol/L)	pH
1	H								
	Na								
2	H								
	Na								
…									

（2）将上表数据代入流量分配关系式，导出剩余碱度。绘出 H 型交换柱流速与 pH 关系曲线、Na 型交换柱流速与碱度关系曲线。

六、实验结果讨论

（1）根据实验结果，对离子交换脱碱软化系统可以得出什么结论？还存在哪些问题？

（2）离子交换软化实验中 pH 是怎样变化的？对电导率有什么影响？

（3）做完本实验后，你感到有什么不足？有何进一步改善的设想？

实验四　活性炭吸附实验

一、实验目的

活性炭处理工艺是运用吸附的方法，去除水和废水的异味、某些离子及难以生物降解的有机物。在吸附过程中，活性炭比表面积起着主要作用，被吸附物质在水中的溶解度也直接影响吸附的速度，pH 的高低、温度的变化和被吸附物质的分散程度也对吸附速度有一定的影响。本实验可确定活性炭对水所含某些杂质的吸附能力。

希望达到下述目的：

（1）掌握吸附实验的基本操作过程。

（2）加深理解吸附的基本原理。

(3) 掌握吸附等温线的物理意义及其功能。

(4) 掌握活性炭吸附实验的数据处理方法。

(5) 了解不同活性炭的吸附能力及其选择方法。

(6) 掌握运用实验方法(连续流法)确定活性炭吸附处理污水设计参数的方法。

二、实验装置及材料

每套实验装置分两组,每组由三根活性炭柱串联而成。活性炭有机玻璃管尺寸为直径×高度=∅35 mm×1000 mm,3 根×2 组,活性炭填装厚度为 700 mm。

(一) 配套实验装置

配水箱 1 个,塑料进水泵 1 台,有机玻璃吸附柱 6 根,活性炭填料 1 套,进水流量计 2 个,隔网,按钮开关 1 个,固定支架 1 套,电源线、控制电源、阀门、连接管路等若干。

(二) 连续式活性炭吸附装置

连续式吸附装置采用有机玻璃柱(直径×高为∅35 mm×1 000 mm),柱内装 500~750 mm 厚烘干的活性炭,各柱设有取样口,装置具体结构如图 3-8 所示。

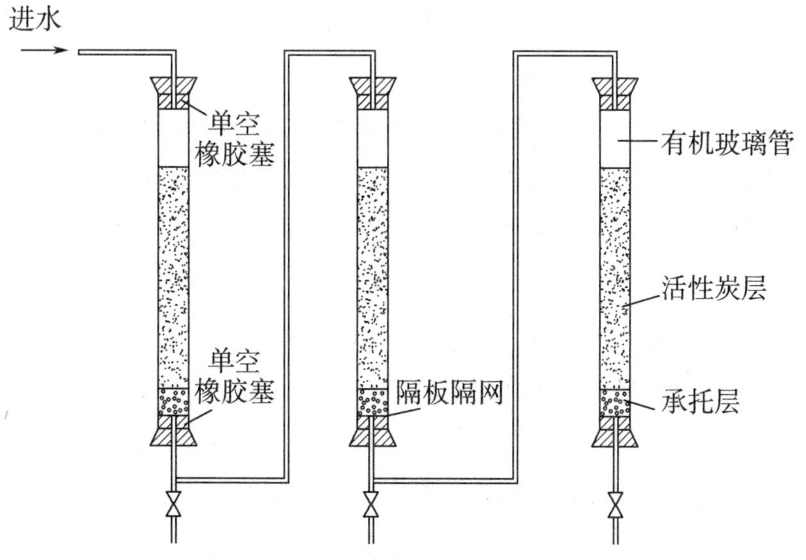

图 3-8 连续式活性炭吸附装置

（三）间歇与连续流实验所需的实验器材（自备）

有机玻璃柱（6 根，直径×高为∅35 mm×1 000 mm），活性炭，COD 测定装置，酸度计 1 台，温度计 1 支。

三、实验原理

活性炭具有良好的吸附性能和稳定的化学性质，是目前国内外应用比较多的一种非极性吸附剂，与其他吸附剂相比，活性炭具有微孔发达、比表面极大的特点，通常比表面积可为 500～1 700 m^2/g，这是其吸附能力强、吸附容量大的主要原因。

活性炭吸附主要为物理吸附，吸附机理是活性炭表面的分子受到不平衡的力，而使其他分子吸附于其表面上。当活性炭在溶液中的吸附处于动态平衡状态时成为吸附平衡，达到平衡时，单位活性炭所吸附的物质的量称为平衡吸附量，在一定的吸附体系中，平衡吸附量是吸附浓度和温度的函数，为了确定活性炭对某种物质的吸附能力，需进行吸附实验。当被吸附物质在溶液中的浓度和在活性炭表面的浓度均不再变化时，被吸附物质在溶液中的浓度称为平衡浓度。活性炭的吸附能力以吸附量 q 表示，即

$$q=\frac{V\ (c_0-c)}{m} \tag{3-3-1}$$

式中：q——活性炭吸附量，即单位质量的吸附剂所吸附的物质量（g/g）；V——污水体积（L）；c_0、c——吸附前原水和吸附平衡时污水中物质的浓度（g/L）；m——活性炭投加量（g）。

在温度一定的条件下，活性炭的吸附量 q 与吸附平衡的浓度 c 之间关系曲线称为吸附等温线。在水处理工艺中，通常用的等温线有 Langmuir 和 Freundlich 等，Freundlich 等温线的数学表达式为

$$q=Kc^{\frac{1}{n}} \tag{3-3-2}$$

式中：K——与吸附剂比表面积、温度和吸附剂等有关的系数；n——与温度、pH、吸附剂及被吸附物质的性质有关的常数；q、c——同式(3-3-1)。

K 和 n 可通过间歇式活性炭吸附实验测得，将上式取对数后变换为

$$\lg q=\lg K+\frac{1}{n}\lg c \tag{3-3-3}$$

将 q 和 c 相应值绘在对数坐标系上，所得直线斜率为$\frac{1}{n}$，截距为 K。

由于间歇式静态吸附法处理能力低，设备多，故在工程中多采用活性炭进行连续吸附操作。连续活性炭的性能可用博哈特（Bohart）和亚当斯（Adams）关系式表达，即

$$\ln\left(\frac{c_0}{c_B}-1\right)=\ln\left[\exp\left(\frac{KN_0H}{v}\right)-1\right]-Kc_0t \qquad (3-3-4)$$

因 $\exp\left(\frac{KN_0H}{v}\right)\geqslant 1$，所以上式等号右边括号内的 1 可忽略不计，则工作时间 t 由上式可得

$$t=\frac{N_0}{c_0v}\left[H-\frac{v}{KN_0}\ln\left(\frac{c_0}{c_B}-1\right)\right] \qquad (3-3-5)$$

式中：t——工作时间（h）；v——流速，即空塔速度（m/h）；H——活性炭层的高度（m）；K——速度常数〔m^3/（mg/h）或 L/（mg/h）〕；N_0——吸附容量，即达到饱和时被吸附物质的吸附量（mg/L）；c_0——入流溶质的浓度〔mol/m^3或（mg/L）〕；c_B——允许流出溶质的浓度〔mol/m^3或（mg/L）〕。

工作时间为零的时候，能保持出流溶质浓度不超过 c_B的炭层理论高度称为活性炭层的临界高度 H_0。其值可根据上述方程当 $t=0$ 时进行计算，即

$$H_0=\frac{v}{KN_0}\ln\left(\frac{c_0}{c_B}-1\right) \qquad (3-3-6)$$

在实验时，如果取工作时间为 t，原水样溶质浓度为 c_{01}，用三个活性炭柱串联，第一个柱子出水为 c_{B1}，即为第二个活性炭柱的进水 c_{02}，第二个活性炭柱的出水为 c_{B2}，就是第三个活性炭柱的进水 c_{03}，由各柱不同的进出水浓度可求出流速常数 K 值及吸附容量 N_0。

四、实验步骤

连续流吸附实验步骤：

（1）配置水样或取实际废水，使原水样 COD 约 100 mg/L，测出具体 COD、pH、水温等数值。

（2）打开进水阀门，使原水进入活性炭柱，并控制为 3 个不同流量（建议滤速分别为 5 m/h、10 m/h、15 m/h）。

(3) 运行稳定 5 min 后测定各活性炭出水 COD 值。

(4) 连续运行 2～3 h，每隔 30 min 取样测定各活性炭柱出水 COD 值一次。

将原始资料和测定结果记入表 3－5。

表 3－5　　连续流吸附实验记录表

工作时间 t/min	1# 柱			2# 柱			3# 柱			出水 c_B (mg/L)
	C_{01} /(mg/L)	H_1/m	V_1 /(m/h)	C_{02} /(mg/L)	H_2/m	V_2 /(m/h)	C_{03} /(mg/L)	H_3/m	V_3 /(m/h)	

五、实验数据及结果整理

(1) 实验测定结果按表 3－5 填写。

原水 COD 浓度 c_0 = ________ mg/L，水温为 ________℃，pH 为 ________，活性炭吸附容量 N_0 = ________ g/g 活性炭。

(2) 由表 3－5 数据所得 $t-H$ 直线关系的截距，即为式（3－3－5）中的 $\frac{1}{KN_0}\ln\left(\frac{c_0}{c_B}-1\right)$，应用 $\frac{1}{KN_0}\ln\left(\frac{c_0}{c_B}-1\right)$ = 截距关系式求出 K 值，然后推算出 c_B = 10 mg/L 时活性炭柱的工作时间。

六、注意事项

连续流吸附实验中，如果第一个活性炭柱出水的 COD 值很小，小于 20 mg/L，则可增大流量；反之，如果第一个吸附柱出水的 COD 与进水浓度相差甚小，可减少进水量。

七、思考题

（1）吸附等温线有什么实际意义？做吸附等温线时为什么要用粉末活性炭？

（2）Freundlich 吸附等温线和 Bohart－Adams 关系式各有何实际意义？

实验五 连续反冲洗过滤实验

过滤是具有空隙的过滤层截留水中杂质，从而使水得到澄清的工艺过程。砂滤是一种最主要的应用于生产实验的水处理工艺，不仅可以去除水中细小的悬浮颗粒杂质，而且能有效地去除水中的细菌、病毒及有机物。本实验采用石英砂作为滤料，进行清水、原混水及经混凝混水的过滤实验及反冲洗实验。

一、实验目的

希望达到以下目的：

（1）掌握清洁滤料层过滤时水头损失的变化规律及其计算方法。

（2）深入理解滤速对出水水质的影响。

（3）深入理解反冲洗强度与滤料层膨胀高度间的关系，掌握反冲洗方法。

（4）了解过滤设备的组成与构造，掌握实验的操作方法。

（5）观察过滤及反冲洗现象，了解过滤及反冲洗原理。

二、实验装置的组成和规格

（一）实验参数

（1）处理水量：0.062 8～0.078 5 m^3/h。滤速：8～10 m/h。

（2）反冲洗水量：0.42 m^3/h（反冲洗 10 min）。

（3）滤料：粗砂粒径 2～4 mm，厚度 H＝100 mm；石英砂粒径 0.5～1.5 mm，厚度 H＝70 mm。可以采用大滤帽 1 个。

（4）过滤柱：处理水量为 0.15 L/h，直径为 150 mm，壁厚度为 8 mm，高度为 2 000 mm。

(5) 测压板：高×宽＝2 100 mm×260 mm。测压管：直径×高＝∅10 mm×2 000 mm。

(二) 实验设备

过滤柱1根，反冲洗进水流量计1个，过滤进水流量计1个，测压板1块，测压管及连接阀门若干，过滤用水箱1只，反冲洗水箱1只，过滤及反冲洗水泵1个，过滤取样口6个，固定支架1台，控制电源、管道、阀门等1套，酸度计1台，浊度仪1台，烧杯（200 mL）。

过滤及反冲洗实验装置如图3-9所示。

(三) 实验仪器及材料

硫酸铝（质量分数1%），聚丙烯酰胺（质量分数0.1%），三氧化铁（质量分数1%）。

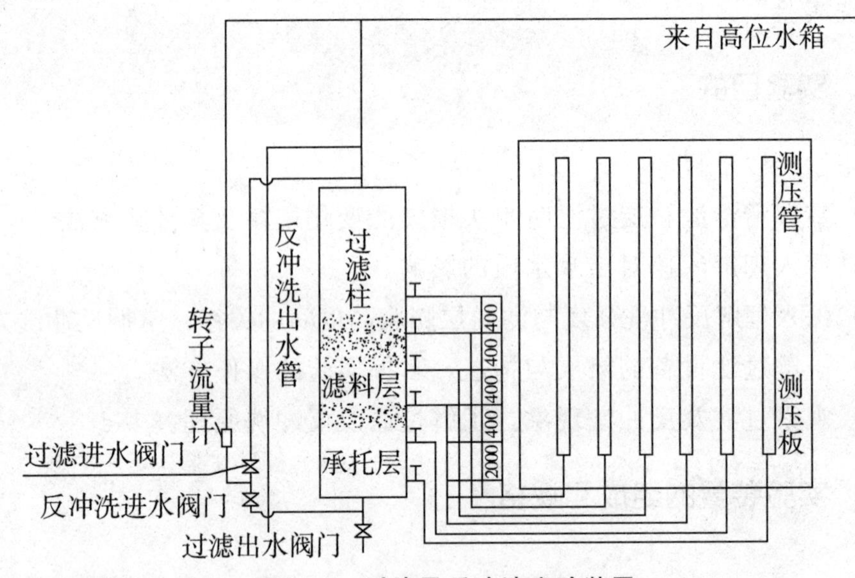

图3-9 过滤及反冲洗实验装置

三、实验步骤

在实验中要控制滤料层上的工作深度保持不变，仔细观察绒粒（为絮凝体）进入滤料层的深度及绒粒在滤料层中的分布情况。

(1) 对照工艺图，了解实验装置及构造。

(2) 测量并记录原始数据，填入表3-6。

表 3-6 原始数据记录

滤管编号	滤管直径/mm	滤管面积/m^2	滤管高度/m	滤料名称	滤料厚度/m
1					
2					
3					
4					

（3）配置原水，使其浊度大致在 20～40NTU 范围内，以最佳投药量将混凝剂 $Al_2(SO_4)_3$ 或者 $FeCl_3$ 投入原水箱中，经过搅拌，开启水泵进行过滤实验。

（4）每隔半小时测定或校对一次运行参数，填入表 3-7。

表 3-7 过滤实验记录

项目							备注
原水浊度/NTU							
原水投药量/（mg/L）							
流量/（L/min）							
流速/（m/s）							
水头损失/cm							
工作水深/m							
绒粒穿入深度/cm							
滤后水浊度/NTU							

（5）观察杂质绒粒进入滤层的深度情况。

（6）不同滤管采用不同滤速进行平行实验，滤速分别为：1 号，5m/h；2 号，8m/h；3 号，12m/h；4 号，16 m/h。

（7）反冲洗实验：

①了解实验装置。

②列表测量并记录各参数，填入表 3-8 中。

表 3－8　　　　滤池反冲洗实验记录

<table>
<tr><td>原始条件
滤管编号</td><td>滤管直径/mm</td><td colspan="2">滤层面积/m²</td><td colspan="2">滤料名称</td><td colspan="2">滤料粒径/mm</td><td>滤料厚度 h/m</td></tr>
<tr><td rowspan="2"></td><td rowspan="2"></td><td colspan="2" rowspan="2"></td><td colspan="2">石英砂</td><td colspan="2" rowspan="2"></td><td rowspan="2"></td></tr>
<tr><td colspan="2">无烟煤</td></tr>
<tr><td>项目
实验次数</td><td>Q/(L/s)</td><td>h/cm</td><td>Δh
(h_1-h)/cm</td><td>$\frac{\Delta h}{h}$
×10</td><td>$q=\frac{Q}{F}$
/[L/(s·m²)]</td><td>水温/℃</td><td>e平均</td><td>q平均</td></tr>
<tr><td>1</td><td></td><td></td><td></td><td></td><td></td><td></td><td></td><td></td></tr>
<tr><td>2</td><td></td><td></td><td></td><td></td><td></td><td></td><td></td><td></td></tr>
<tr><td>3</td><td></td><td></td><td></td><td></td><td></td><td></td><td></td><td></td></tr>
<tr><td>4</td><td></td><td></td><td></td><td></td><td></td><td></td><td></td><td></td></tr>
<tr><td>…</td><td></td><td></td><td></td><td></td><td></td><td></td><td></td><td></td></tr>
</table>

③做膨胀率 e=20%、40%、80%的反冲洗强度 q 的实验。

④打开反冲洗水泵，调整膨胀率 e，测出反冲洗强度值。

⑤测量每个反冲洗强度时，应连续测 3 次，并取平均值计算。

四、实验相关知识点

1. 水过滤原理

过滤一般是指以石英砂等颗粒状滤料层截留水中悬浮杂质，从而使水澄清的工艺过程。过滤是水中悬浮颗粒与滤料颗粒间黏附作用的结果，黏附作用主要决定于滤料和水中颗粒的表面物理化学性质。水中颗粒迁移到滤料表面上，在范德华引力和静电引力以及某些化学键和特殊的化学吸附力作用下，黏附到滤料颗粒的表面上，另外，某些絮凝颗粒的架桥作用也同时存在。经研究表明，过滤主要还是悬浮颗粒与滤料颗粒经过迁移和黏附两个过程来完成去除水中杂质的过程。

2. 影响过滤的因素

在过滤的过程中，随着过滤时间的增加，滤层中悬浮颗粒的量也会随之不断增加，这必然会导致过滤过程水力条件的改变。当滤料粒径和形状、滤层级配和厚度、水位一定时，如果空隙率减小，则在水头损失不变的情况下，必然引起滤速减小；反之，在滤速保持不变时，必然引起水头损失的增加。就整个滤料层而言，上层滤料截污量大，下层滤料截污量小，因此水头损失的增值也由上而下逐渐减小。此外，影响过滤的因素还有水质、水温，以及悬浮物的表面性质、尺寸和强度等。

3. 滤料层的反冲洗

过滤时，随着滤层中杂质截留量的增加，水头损失增至一定程度，滤池产水量锐减，或由于滤后水质不符合要求，滤池必须停止过滤，进行反冲洗。反冲洗的目的是清除滤层中的污物，使滤池恢复过滤能力。反冲洗时，滤料层膨胀起来，在滤层孔隙中的水流剪力及滤料颗粒相互碰撞摩擦的作用下，截流于滤层中的污物从滤料表面脱落下来，然后被冲洗水流带出滤池。反冲洗效果主要取决于滤层孔隙水流剪力，该剪力既与冲洗流速有关，又与滤层膨胀率有关。冲洗流速小，水流剪力小；冲洗流速较大时，滤层膨胀度大，滤层孔隙中水流剪力又会降低。因此，冲洗流速应控制在适当范围。高速水流反冲洗是最常用的一种形式，反冲洗效果通常由滤床膨胀率 e 来控制，即

$$e=\frac{L-L_0}{L}\times 100\%$$

式中：L——砂层膨胀后的厚度（cm）；L_0——砂层膨胀前的厚度（cm）。

通过长期实验研究，e 为 25%时反冲洗效果最佳。

五、实验数据及结果整理

（1）根据过滤实验结果，归纳出 4 根滤管的水头损失、水质、绒粒分布随过滤时间变化的情况，在图 3－10 坐标系内绘出出水剩余浊度与时间的关系曲线。

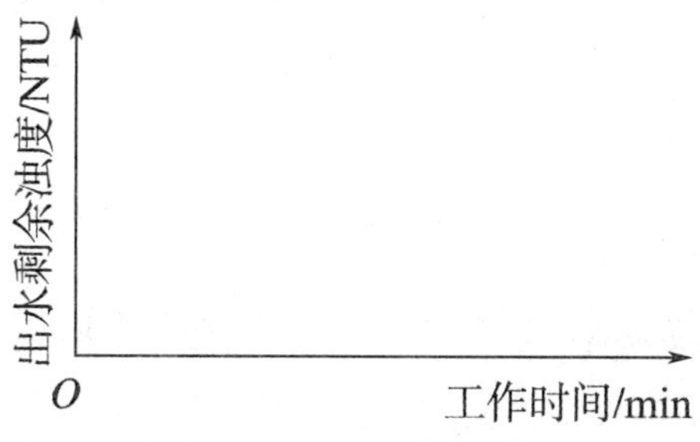

图 3－10　出水剩余浊度与时间的关系

(2) 在图 3-11 坐标系内绘出 $h-v$ 变化曲线，总结 4 根滤管不同流速与水头损失的变化规律，理解滤速 v 与水头损失 h 之间的关系。

(3) 根据反冲洗实验记录结果，在图 3-12 的坐标系内绘制一定温度下反冲洗强度与膨胀率的关系曲线，并比较不同反冲洗强度下膨胀率的变化。

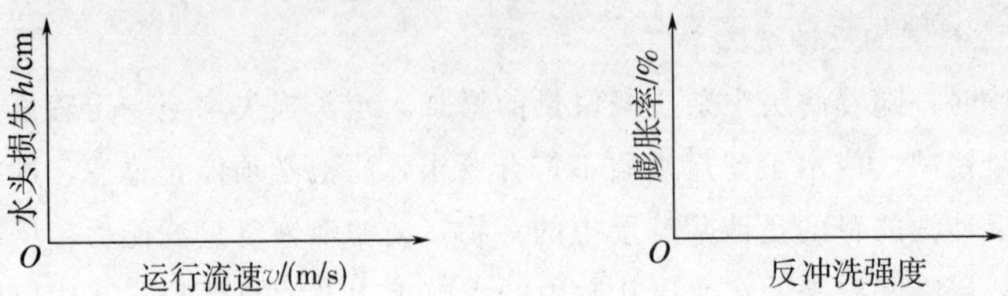

图 3-11 滤速 v 与水头损失 h 的关系曲线　　图 3-12 反冲洗强度与膨胀率的关系曲线

六、注意事项

(1) 在过滤实验前，滤层中应保持一定水位，以免过滤实验时测压管中积有空气。

(2) 在反冲过滤时，应缓慢开启进水阀，以防滤料冲出柱外。

(3) 反冲洗过滤时，为了准确地量出砂层厚度，一定要在砂面稳定后再测量，并在每一个反冲洗流量下连续测量 3 次。

实验六　辐流式斜管沉淀池演示实验

辐流式沉淀池是一种大型的沉淀池，在给水和污水处理中均有广泛应用。辐流式斜管沉淀池是在辐流式沉淀池内加装斜管，以便提高处理能力和沉淀效果，可用于生物处理后的工业废水、生活污水沉淀和加药絮凝污水的沉淀。本实验装置是辐流式斜管沉淀池内部构造的演示装置。

一、实验目的

本实验希望达到以下目的：

(1) 通过对有机玻璃装置直接观察，加深对其构造的认识，了解各部分的名称和功能。

(2) 掌握沉淀池中水的流向，了解其沉淀的原理。

二、实验装置的工作原理

辐流式斜管沉淀池构造如图 3－13 所示。沉淀池多呈圆柱形，直径较大，有效水深较浅。斜管在此的作用是改善沉淀池中布水的均匀性。进水管将需要沉淀的水送入池中心的中心管，经中心管上的孔口流入池内，水从斜管下面均匀地沿水平辐射方向流向池子四周，穿过斜管，澄清后的水从设在池壁顶端的堰口溢出，通过出水槽流出池外。中央进水的辐流式沉淀池多采用刮泥机进行刮泥，池底的污水采用机械刮泥机刮除，推入池中心的泥斗，利用静水压强或污泥泵抽吸将污泥排至池外。

若进水中悬浮物含量较高（如活性污泥系统中的二次沉淀池），因中心进水，进口处流速很大，呈紊流现象，易阻碍悬浮物下沉，影响沉淀效果。而向心辐流式沉淀池从四周进水，澄清水则从池中心流出，可以克服上述缺点。周边进水向心辐流式沉淀池，其进水槽断面较大，而流出孔口较小，布水时由于水头损失大，造成淹孔式拥水，促使布水比较均匀。进水挡板应深入水面，出水槽可布置在池中央附近。据报道，向心辐流式沉淀池的表面负荷可比普通辐流式沉淀池提高约 1 倍。

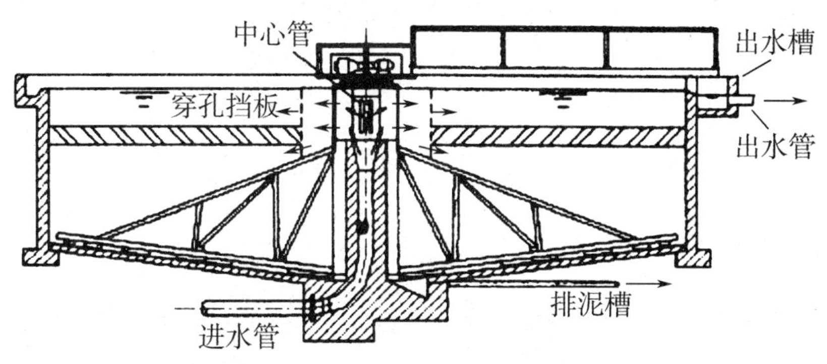

图 3－13　辐流式斜管沉淀池示意图

三、技术参数

（1）处理水量：0.56～1.02 m^3/h。

（2）表面负荷：2～3.6 $m^3/h.m^2$。

（3）沉淀时间：1.5～2 h。

（4）底用机械刮泥机：转速 1～2 r/min。

（5）中央污泥斗的坡度为 0.05 左右。

本体外形尺寸：直径×高＝∅500 mm×590 mm。

四、实验装置的组成和规格

本实验装置体包括辐流式斜板沉淀池的全部组成，即池体、进水管、中心管、蜂窝斜管、出水堰、出水槽、出水管、机械刮泥机 1 套、泥斗、放空管。

设备配置：配水箱 1 只，调速电机 1 台，调速器 1 台，转子流量计 1 台，防腐防碱进水泵 1 台，水池底部防水板 1 张（厚度 25 mm），金属电控箱 1 只，漏电保护开关 1 套，按钮开关 2 套，电压表 1 只（0～250 V），设备实验台架 1 套，电源线、连接管道、阀门等 1 套。

五、实验配套设备及仪器

浊度（NTU）和悬浮物浓度（SS）测定仪器及化学试剂。

六、说明

本实验装置体由有机玻璃制作。

CHAPTER 4 第四章

污水处理流程实验

实验一　污水 SBR 处理实验

间歇式活性污泥处理系统又称序批式活性污泥处理系统，英文简称 SBR（Sequencing Batch Reactor）工艺。本工艺最主要的特征是集有机污染降解与混合液沉淀于一体，与连续式活性污泥法相比较，其工艺组成简单，不需设污泥回流设备，不设二次沉淀池，一般情况下不产生污泥膨胀现象，在单一的曝气池内能够进行脱氮和除磷反应，易于自动控制，处理水水质好，其脱氮、除磷效率分别达 90%和 95%，出水 BOD 浓度<10 mg/L。

一、实验目的

（1）通过 SBR 法计算机自动控制系统模型实验，了解和掌握 SBR 法计算机自动控制系统的构造、原理。

（2）通过模型操作实验，理解和掌握 SBR 法的特征。

（3）就某种污水进行动态实验，以确定工艺参数和处理水的水质。

二、实验原理

SBR 法与传统活性污泥法的最大区别：以时间分割的操作方式代替了传统的空间分割的操作方式，以非稳态的生化反应代替了传统的稳态生化反应，以静止的理论沉淀方式代替了传统的动态方式。SBR 技术的核心就是 SBR 反应池，该池将调节均化、初沉、生物降解、二沉等多重功能集于一池，通常主要由反应池、配水系统、排水系统、曝气系统、排泥系统及自动控制系统组成。SBR 工艺在运行上的主要特征就是顺序、间歇式的周期运行，其一个周期的运行可分为以下五个阶段。

(1) 流入阶段：将待处理的污水注入反应器，注满后再进行反应，此时的反应池起到了调节池的调节均化的作用。另外，在注水的过程中也可以配合其他操作，如曝气、搅拌等。

(2) 反应阶段：污水达到反应器设计水位后，便进行反应。根据不同的处理目的，可采取不同的操作：欲降解水中的有机物（去除 BOD），要进行硝化；若吸收磷，就以曝气为主要操作方式；若进行反硝化反应，则应进行慢速搅拌。

(3) 沉淀阶段：以理想静态的沉淀方式使泥水进行分离。由于是在静止的条件下进行沉淀，因而能够得到良好的沉淀澄清及污泥浓缩效果。

(4) 排放阶段：经过沉淀澄清后，将上清液作为处理水排放直至设计最低水位。有时在此阶段排水后可排放部分剩余污泥。

(5) 待机阶段：此时反应器内残存高浓度活性污泥混合液。

整个运行程序如图 4－1 所示。

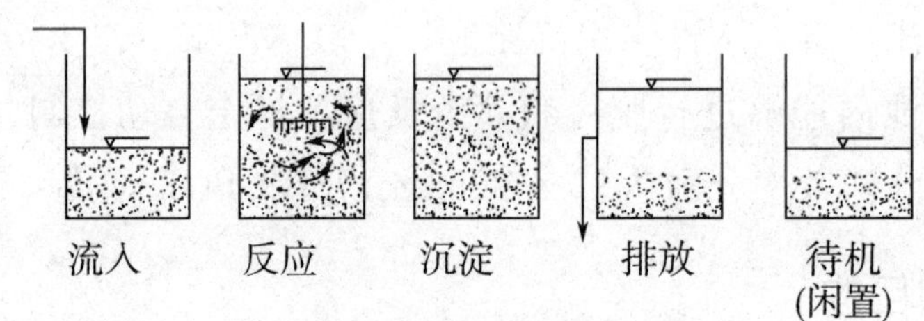

图 4－1 SBR 工艺曝气池运行工序示意图

这 5 个工序构成了一个处理污水的周期，可以根据需要调整每个工序的持续时间。进水、排水、曝气等动作均由程序控制自动运行。

三、SBR 法工艺特点

(1) 生化反应推动力大，反应效率高，池内可处于好氧、厌氧交替状态，净化效果好。

(2) 运行稳定，污水在理想状态下沉淀，沉淀效率高，排出水的水质好。

(3) 耐冲击负荷能力强，池内滞留的处理水对污水有稀释、缓冲的作用，可以有效抵抗水量和有机物的冲击。

(4) 运行灵活，工序的操作可根据水质、水量进行调整。

(5) 构造简单，便于操作及维护管理。

(6) 控制反应池中的DO、BOD_5，可有效控制活性污泥膨胀。

(7) 适当控制运行方式可实现耗氧、缺氧、厌氧的交替，使其具有较好的脱氮、除磷效果。

(8) 工艺流程简单，造价低，无须设二沉池及污泥回流系统，初沉池和调节池通常也可省略，占地面积小。

四、实验装置的组成和规格

(一) 实验参数

(1) 设计进出水水质指标。

	进水	出水
BOD_5：	400～800 mg/L	40～80 mg/L
COD：	600～1200 mg/L	80～120 mg/L
SS：	200～400 mg/L	20～40 mg/L

(2) 有机物去除率为80%～85%，除磷脱氮率为20%～85%。

(3) 污泥负荷：(kg(BOD_5)/〔kg(MLVSS)·d〕。污泥龄：15～27 d。

(4) 处理能力：18L/h。

(5) 装置尺寸：每格300 mm×300 mm×470 mm (5只)。

设备总尺寸：2 700 mm×600 mm×1 300 mm。

(二) 实验装置配套设备

初沉池1个，调节池1个，二沉池1个，生化反应器5个，配水箱1只，进水泵1台，气体流量计1个，进水流量计1个，充氧泵1台，陶瓷微孔曝气5套，搅拌器5套，可编程控制系统1套，提升流量计1个，电器控制箱1台，污泥回流泵1台，回流流量计1个，曝气管路1套，进水管与排水管1套，实验台架1套，连接的水管、气管、阀门、电源开关等1套。

五、实验操作步骤

（1）自动控制，打开水泵将原水送入反应器，至设计水位。

（2）关闭水泵，打开气阀，气泵开始曝气（根据目的不同，也可设定计算机程序在进水的同时继续曝气等操作），曝气的时间根据需要在程序控制器上设定。

（3）经过设定的曝气时间后，计算机给出指令，停止曝气，关闭气阀，使反应器内混合液静沉，静沉的时间通过程序控制器来设定。

（4）经过设定的静沉时间后，计算机指令打开阀，使排水管中充满上清液，并使滗水器上浮到液面，然后指令关闭阀，排出上清液。

（一）使用前的检查

（1）检查关闭以下阀门：进水箱的排空阀门，空气泵的出气阀门，滗水器的出水电磁阀，SBR 反应器的排空阀门。

（2）检查进水泵、空气泵、搅拌器、电磁阀的电源插头，应插在相应的功能插座上。

（3）检查关闭相应的功能插座上方的开关（有色点的一端翘起为“关”状态，有色点的一端处于低位为“开”状态）。

（二）数显时间控制器的操作

学习使用数显时间控制器（可编程时间控制器的操作请仔细阅读其产品使用说明书），了解四个时间控制器的控制功能（从左到右）：

（1）进水自动控制。流入时间约 1 h。

（2）厌氧搅拌时间控制。厌氧时间为 1.5～2.5 h。

（3）曝气时间控制。可根据需要任意设置（科研时设置 4～8 h）；静止沉淀时间控制，由曝气与滗水之间的暂停时间来控制，一般控制在 1～2 h。

（4）滗水时间控制。根据需要设置滗去多少上清液。

闲置时间控制（活性搅拌时间控制）：在 SBR 的闲置期，开启搅拌器，对活性污泥进行搅拌和活化，一般为 20～60 min。

（三）活性污泥的培养和驯化

（1）将活性污泥培养液直接倒入 SBR 反应器中，并加入 1 L 左右的活性污泥种源。

（2）将每日够用一次的活性污泥培养液倒入进水箱（1/4 箱左右，每日添加）。

（3）设置：SBR 曝气时间 2～3 h，静止沉淀时间 30 min，滗水时间 30 s，闲置期时间（活性搅拌时间）10 min。

（4）启动 SBR 反应器，让其自动工作。

（5）当活性污泥培养到污泥体积的 20%～30%时，便可进行驯化工作。每天在培养液中加入一定量的实验废水进行驯化培养，加入量不断增加，直至活性污泥完全驯化为止。

（6）如果采用人工配置易降解的实验水进行实验，则无须驯化过程。

（四）进行实验

（1）将实验废水或人工配置实验水倒入进水箱。

（2）设置好不同阶段的控制时间。

（3）将电源控制箱插头插上电源，开启总电源空气开关，打开各个功能开关。

（4）打开空气泵出气阀。

（5）将可编程时间控制器按至自动状态，SBR 反应器进入自动工作状态。

（6）所设置的滗水时间到了以后，直接从电磁阀出水口取样，进行相关的检测项目测定，得到实验结果。

（五）实验后整理

（1）关闭空气泵的出气阀。

（2）关闭功能插座上的所有开关。

（3）关闭电源控制箱上的空气开关，拔下电源插头。

（4）打开进水箱、SBR 反应器的所有排空阀门，排水。

（5）用自来水清洗各个容器，排空所有积水，待下次实验备用。

六、实验装置配套设备及仪器

溶解氧测定仪，氧化还原电位测定仪，测定污水水质 BOD_5、COD、SS、NH_4^+—N、TP 的仪器和化学药品。

七、注意事项

（1）程序控制器如长时间不用，则内部会无电，不能正常工作。使用时，需按一下复位按钮，并将电源插上后，才能正常使用。

（2）切换开关形式：按下是程序控制状态，按上是电脑控制状态。

八、思考题

（1）简述 SBR 法与传统活性污泥法的区别与联系。

（2）简述 SBR 法活性污泥运行过程。

（3）简述 SBR 法在工艺上的特点。

（4）简述滗水器的作用。

实验二　污水氧化沟处理实验

一、实验目的

（1）了解三沟式氧化沟的内部构造和主要组成。

（2）掌握三沟式氧化沟各工序的运行操作要点。

（3）就某种污水进行动态实验，以确定工艺参数和处理水的水质。

（4）研究三沟式氧化沟生物脱氮除磷的机理。例如通过改变曝气条件、周期或各工序的持续时间等，为生物处理创造适宜的环境，测定处理效果。

（5）掌握运用三沟式氧化沟去除 BOD_5 及生物脱氮的工艺。

二、实验原理

（一）氧化沟简介

氧化沟（Oxidation Ditch）是一种活性污泥法工艺，因其曝气池呈封闭的沟渠形，污水和活性污泥混合液在其中循环流动，因此被称为“氧化沟”，又称“环形曝气池”。其有机负荷一般低于 0.10 kg（BOD_5）/〔kg(MLVSS)·d〕,属于延时曝气法之列。

三沟式氧化沟系统由两个氧化沟组建在一起作为一个单元运行，三个氧化沟之间双双联通，每个池都配有可供污水和环流（混合）的机械曝气装置。氧化沟的发展往往与其曝气设备密切关联。三沟式氧化沟的脱氮是通过调节电机的转速来实现的，曝气装置能起到混合器和曝气器的双重功能，当处于反硝化阶段时，曝气装置低速运转，仅仅保持池中污泥悬浮，而池内处于缺氧状态，好氧和缺氧阶段完全可由曝气装置转速的改变进行控制。

（二）氧化沟工艺的主要特点

（1）氧化沟结合推流和完全混合的特点，有利于克服短流和提高缓冲能力。通常在氧化沟曝气区上游安排入流，在入流点的再上游点安排出流。入流通过曝气区在循环中很好地被混合和分散，混合液再次围绕反应池继续循环，这样，氧化沟在短期内（如一个循环）呈推流状态，而在长期内（如多次循环）又呈混合状态。这两者的结合，即使入流至少经历一个循环而杜绝短流，又可以提供很大的稀释倍数而提高了缓冲能力。同时为了防止污泥沉积，必须保证沟内足够的流速（一般平均流速大于 0.3 m/s），而污水在沟内的停留时间又较长，这就要求沟内有较大的循环流量（一般是污水进水流量的数倍乃至数十倍），进入沟内污水立即被大量的循环液所混合稀释，因此氧化沟系统具有很强的耐冲击负荷能力，对不易降解的有机物也有较好的处理能力。

（2）氧化沟具有明显的溶解氧浓度梯度，特别适用于硝化－反硝化生物处理工艺。氧化沟从整体上说是完全混合的，而液体流动却保持着推流前进，其曝气装置是定位的。因此，混合液在曝气区内溶解氧浓度是上游高，然后沿沟长逐步下降，出现明显的浓度梯度，到下游区溶解氧浓度就很低，基本上处于缺氧状态。氧化沟设计可按要求安排好氧区和缺氧区实现硝化－反硝化工艺，不仅可以利用硝酸盐中的氧满足一定的需氧量，而且可以通过反硝化补充硝化过程中消耗的碱度。这些有利于节省能耗和减少甚至免去硝化过程中需要投加的化学药品。

(3) 氧化沟沟内功率密度的不均匀配备，有利于氧的传递、液体混合和污泥絮凝。传统曝气的功率密度一般仅为 20～30 W/m^3，平均速度梯度大于 100 s^{-1}。这不仅有利于氧的传递和液体混合，而且有利于充分切割絮凝的污泥颗粒。当混合液经平稳的输送区到达好氧区后期，平均速度梯度小于 30 s^{-1}，污泥仍有再絮凝的机会，因而也能改善污泥的絮凝性能。

(4) 氧化沟的整体功率密度较低，可节约能源。氧化沟的混合液一旦被加速到沟中的平均流速，对于维持循环仅需克服沿程和弯道的水头损失，因而氧化沟可比其他系统以低得多的整体功率密度来维持混合液流动和活性污泥悬浮状态。

(5) 氧化沟构造形式的多样性赋予了它灵活机动的运行性能，可按照任意一种活性污泥法的运行方式运行，并且组合其他工艺单元，以满足不同的出水水质的要求。氧化沟的曝气池基本形式呈封闭的沟渠形（如传统氧化沟），而沟渠的形状和构造则多种多样，沟渠截面可以呈圆形和椭圆形等，可以是单沟系统或多沟系统；多沟系统可以是互相平行、尺寸相同的一组沟渠（如三沟式氧化沟），也可以是一组同心的互相连通的环形沟渠（如 Orbal 氧化沟）；有与二次沉淀池分建的氧化沟，也有合建的氧化沟，合建氧化沟又有体内式船形（Boat）沉淀池和一体外式侧沟式沉淀池（如一体化氧化沟），还有 Envirex 公司的竖直式氧化沟。

(6) 污泥产量少，污泥性质稳定。氧化沟的水力停留时间和污泥龄都比一般生物处理法长，悬浮状态有机物可以与溶解性有机物同时得到较彻底的稳定，排出的剩余污泥已得到高度稳定，剩余污泥量也较少。

(7) 工艺流程简单，构筑物少，节省基建费用，减少占地面积，便于管理。氧化沟法具有较长的水力停留时间、较低的有机负荷和较长的污泥龄，因此相比传统活性污泥法，可以省略调节池、初沉池、污泥化池，还有将曝气池和二次沉淀池合在一起的一体式氧化沟，以及近年来发展的交替工作的氧化沟，不再采用二次沉淀池，从而使处理流程更为简化。

三、实验配置

格栅污水箱 1 套，进水泵 1 台，进水流量计 1 个，主体氧化沟（SH-22）1 套，转刷电机 1 台，电机调速装置 1 套，二沉池 1 套，回流装置 1 套，回流水泵 1 台，污泥浓缩池 1 套，实验仪器台 1 套。

四、实验技术指标

（1）环境温度：5～40℃。

（2）处理水量：30～40 L/h。

（3）氧化沟体积：0.075 m^3（即 75 L）。

（4）污泥停留时间：5～7.5 h。

（5）污泥龄：8～10 d。

（6）可实现程序控制和 DO 调节。

（7）沟中水流平均速度为 0.3 m/s。

（8）好氧区溶解氧 DO 的浓度为 2～3 mg/L。

（9）设计原水水质：COD＝300 mg/L，BOD_5＝150 mg/L，SS＝200 mg/L，TKN＝30 mg/L，TP＝4.0 mg/L，pH＝7～9。

（10）设计出水水质：COD＝25 mg/L，BOD_5＝10 mg/L，SS＝20 mg/L，NH_4^+－N≤5.0 mg/L，NO_3^-－N≤10.0 mg/L，TP≤0.5 mg/L。

（11）装置本体由有机玻璃制成，呈环形沟渠状，在流态上介于完全混合与推流之间，回流比为 20%～25%。占地尺寸：长×宽×高＝1 500 mm×800 mm×1 300 mm。

实验三　工业污水处理自动控制实验

一、实验目的

（1）将工业污水处理设备进行仿真模型化。

（2）通过本实验装置可直观地了解工业污水由污变清的全过程。

二、实验原理

（一）电解法

电解槽内装有极板，一般用普通钢板制成。极板取适当间距，以保证电能消耗较少又便于安装、运行和维修。电解槽按极板连接电源的方式分单极性和双极性两种。双极性电极电解槽的特点是中间电极靠静电感应产生双极性。这种电解槽较单极性电极电解槽的电极连接简单，运行安全，耗电量显著减小。阳极与整流器阳极相连接，阴极与整流器阴极相连接。通电后，在外电场作用下，阳极失去电子发生氧化反应，阴极获得电子发生还原反应。废水流经电解槽，作为电解液，在阳极和阴极分别发生氧化和还原反应，有害物质被去除。这种直接在电极上的氧化或还原反应称为初级反应。以含氰废水为例，它在阳极表面上的电化学氧化过程为：

$$CN^- + 2OH^- - 2e^- \rightarrow CNO^- + H_2O$$

$$2CNO^- + 4OH^- - 6e^- \rightarrow 2CO_2\uparrow + N_2\uparrow + 2H_2O$$

氰被转化为无毒而稳定的无机物。

电解处理废水也可采用间接氧化和间接还原方式，即利用电极氧化和还原产物与废水中的有害物质发生化学反应，生成不溶于水的沉淀物，以分离除去有害物质。以电镀含铬废水的电解处理过程为例，铁阳极溶解：

$$Fe - 2e^- \rightarrow Fe^{2+}$$

$$6Fe^{2+} + Cr_2O_7^{2-} + 14H^+ \longrightarrow 6Fe^{3+} + 2Cr^{3+} + 7H_2O$$

$$CrO_4^{2-} + 3Fe^{2+} + 8H^+ \longrightarrow Cr^{3+} + 3Fe^{3+} + 4H_2O$$

在上述电解过程中，废水中大量氢离子被消耗，氢氧根离子浓度增加，废水从酸性过渡到碱性，进而生成氢氧化铬和氢氧化铁等物质沉淀下来：

$$Cr^{3+} + 3OH^- \longrightarrow Cr(OH)_3\downarrow$$

$$Fe^{3+} + 3OH^- \longrightarrow Fe(OH)_3\downarrow$$

把沉淀物质同水分离，达到去除铬离子、净化废水的目的。以上反应式中除铁阳极发生阳极溶解是初级反应外，其他为次级反应。

在上述电解过程中，除初级反应和次级反应的处理废水作用外，还因电解水的作用，分别在阴极和阳极产生氢气和氧气，这两种初生态［H］和［O］能对废水中污染物起化学还原和氧化作用，并能产生细小的气泡，使絮凝物或油分附在气泡上浮升至液面以利于排除。这种方法称为电浮选。此外，由于铁或铝质金属阳极溶解的离子进一步水解，可以成为氢氧化亚铁或氢氧化铝等不溶于水的金属氢氧化物活性混凝剂。这种物质呈多孔性凝胶结构，具有表面电荷作用和较强的吸附作用，能对废水中的有机或无机污染物起凝聚作用，使污染物相互凝聚而从废水中分离出来。这种方法称为电絮凝处理。

由此可见，废水电解处理包括电极表面上电化学作用、间接氧化和间接还原、电浮选和电絮凝等过程，分别以不同的作用去除废水中的污染物。

电解法主要用于处理含铬废水和含氰废水。此外，还用于去除废水中的重金属离子、油及悬浮物；也可以凝聚吸附废水中呈胶体状态或溶解状态的染料分子，而氧化还原作用可破坏生色基团，取得脱色效果。采用电解法处理含酚、含镉、含硫、含有机磷等废水以及食品工业废水的实验研究工作也在进行。

（二）废水混凝处理法

混凝系凝聚作用与絮凝作用的合称。前者系因投加电解质，使胶粒电动电势降低或消除，以致胶体颗粒失去稳定性，脱稳胶粒相互聚结而产生；后者系由高分子物质吸附搭桥，使胶体颗粒相互聚结而产生。混凝剂可归纳为两类：无机盐类，有铝盐（硫酸铝、硫酸铝钾、铝酸钾等）、铁盐（三氯化铁、硫酸亚铁、硫酸铁等）和碳酸镁等；高分子物质，有聚合氯化铝、聚丙烯酰胺等。处理时，向废水中加入混凝剂，消除或降低水中胶体颗粒间的相互排斥力，使水中胶体颗粒易于相互碰撞和附聚搭接而形成较大颗粒或絮凝体，进而从水中分离出来。影响混凝效果的因素有水温、pH、浊度、硬度及混凝剂的投放量等。

絮凝剂的絮凝原理可分为化学絮凝和物理絮凝两种。前者假设粒子以明确的化学结构凝集，并由于彼此的化学反应造成胶质粒子的不稳定状态。后者则是由于存在双电层及某些物理因素，当加入与胶体粒子具有不同电性的离子溶液时，会发生凝结作用。当发生凝结作用时，胶体粒子必失去稳定作用或发生电性中和，不稳定的胶体粒子再互相碰撞而形成较大的颗粒。加入絮凝剂，它会离子化，并与离子表面形成价键。为克服离子彼此间的排斥力，絮凝剂会由于搅拌及布朗运动而使得粒子间产生碰撞，当粒子逐渐接近时，氢键及范德华力促使粒子结成更大的颗粒。碰撞一旦开始，粒子便经由不同的物理化学作用而开始凝集，较大颗粒粒子从水中分离而沉降。

（三）曝气沉淀

曝气是使空气与水强烈接触的一种手段，其目的在于将空气中的氧溶解于水中，或者将水中不需要的气体和挥发性物质放逐到空气中。换言之，它是促进气体与液体之间物质交换的一种手段。它还有其他一些重要作用，如混合和搅拌。

曝气沉淀池由曝气区、导流区、沉淀区、回流区四部分组成。导流区的作用是使污泥凝聚和使气水分离，为沉淀创造条件。在曝气区内废水与回流污泥充分混合，然后经导流区流入沉淀区，澄清后的水经溢流堰排出。沉淀污泥沿曝气区底部回流入曝气池。这种设施结构紧凑，流程短，可以节省污泥回流设备。

（四）快滤池

在粒状滤料过滤中，水流通过滤料空隙，絮体、黏土、藻类、细菌、病毒及其他胶体颗粒被截留在滤料表面。滤料截留悬浮物质可通过多种途径，一般认为过滤过程包括输送、附着和脱离 3 个阶段。悬浮颗粒向滤料表面的输送可在下述作用下发生：直接截留、布朗运动引起的扩散、范德华力引起的吸引、颗粒的惯性、重力沉淀和流体效应。当悬浮颗粒因滤料表面的输送到固液界面时，如果固液界面和悬浮颗粒的表面性质能满足附着条件，悬浮颗粒就被滤料捕捉。输送和附着过程进行到一定的时间后，滤料被沉淀或吸附的颗粒覆盖，滤料之间的空隙减小，通过滤层的流速增大，截留的沉淀物可能部分分离，被带入滤料深部，甚至可能随滤后水排出。滤层堵塞到一定程度后就需进行冲洗，以恢复滤层的清洁。

（五）活性炭吸附

吸附是一种物质附着在另一种物质表面上的缓慢作用过程。吸附是一种界面现象，其与表面张力、表面能的变化有关。引起吸附的推动能力有两种，一种是溶剂水对疏水物质的排斥力，另一种是固体对溶质的亲和吸引力。废水处理中的吸附，多数是这两种力综合作用的结果。活性炭的比表面积和孔隙结构直接影响其吸附能力，在选择活性炭时，应根据废水的水质通过试验确定，如对印染废水宜选择过滤孔发达的炭种。此外，灰分也有影响，灰分愈小，吸附性能愈好；吸附质分子的大小与炭孔隙直径越接近，越容易被吸附；吸附质浓度对活性炭吸附量也有影响，在一定浓度范围内，吸附量是随吸附质浓度的增大而增加的。另外，水温和 pH 也有影响，吸附量随水温的升高而减小，随 pH 的降低而增大，故低水温、低 pH

有利于活性炭的吸附。活性炭吸附还有脱色、除味、除杂质、降低污染物浓度等深度处理水质的作用。

三、实验流程及装置

工艺流程：工业废水池—泵—微电解床—混凝反应—初沉池—曝气池—二沉池—快滤池—吸附池—清水池。

配套装置：微电解床 1 套，混凝反应槽 1 套，沉淀池 1 套，曝气二沉合建池 1 套，快滤池 1 套，吸附柱 1 套，浓缩池 1 套，清水池 1 套，ZB－4 进水流量计 1 台，工业污水水箱 1 台，混凝剂溶液配制箱 1 台，碱液配制箱 1 台，HL－2 恒流泵（蠕动泵）2 台，HZ－50 搅拌直流电机 1 台，HGX－200 旋涡式充气增氧泵 1 台，搅拌调速控制器 1 套，工业污水进水泵 1 台，电源控制开关 1 套。

四、技术指标

（1）流量为 10～15 L/h。

（2）污泥停留时间为 5～7.5 h。

（3）处理出水效果：色度去除率为 98%左右，废水处理后可达到地面Ⅲ类水标准，pH＝6.5～8.5，COD＜15 mg/L，BOD_5＜4 mg/L，出水无色度。

实验四 UASB 高负荷污水处理实验

厌氧生物处理技术不仅用于处理有机污染、高浓度有机废水，而且能够处理低浓度污水。与好氧生物处理技术相比较，厌氧生物处理具有有机物负荷高、污泥产量低、能耗低等一系列明显的优点。升流式厌氧污泥床（UASB）是厌氧生物处理的一种主要构筑物，它集厌氧生物反应与沉淀分离于一体，有机负荷和去除效率高，不需要搅拌设备。本模型是升流式厌氧污泥床的教学实验设备。

一、实验目的

本实验希望达到以下目的：

（1）了解 UASB 的内部构造。

（2）掌握 UASB 的启动方法、颗粒污泥的形成机理。

（3）就某种污水进行动态实验，以确定工艺参数和处理水的水质。

二、实验装置的工作原理

UASB 的构造示意图如图 4－2 所示。废水自下而上地通过污泥床。在底部有一个高浓度、高活性的污泥层，大部分有机物在这里被转化为 CH_4 和 CO_2。由于产生污泥消化气的结果，在污泥层的上部可形成一个污泥悬浮层。反应器的上部为澄清区，设有三相分离器，完成沼气、污水、污泥三相的分离。被分离的消化气体从上部导出，被分离的污泥则自动落到下部反应区。

本装置为结合教学、科研需要，专门配有加热恒温系统，能在不同的温度条件下对其处理效果进行分析、研究，并设有若干取样口，方便取样。装置还配有消化气计量系统（对其所产生的沼气进行自动计量），整套装置由程序控制器自动控制运行，操作方便，控温精度高。

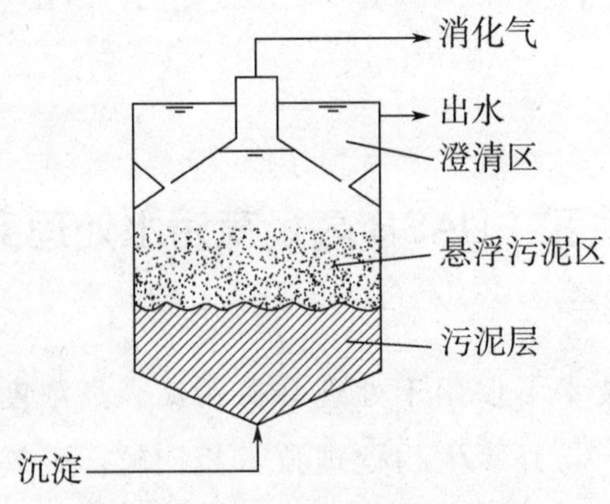

图 4－2　UASB 的构造示意图

三、技术指标参数

（1）工作电压：220 V±20 V。

（2）设备功率：1 200 W。

（3）设备处理水量：2～5 L/h。

（4）设备工作温度：10～65℃。

（5）控温精度：±1℃。

（6）设计进、出水水质范围：

进水	出水
BOD_5：1 000～2 000 mg/L	50～100 mg/L
COD：2 000～4 000 mg/L	150～300 mg/L
SS：100～300 mg/L	20～50 mg/L

（7）COD容积负荷：1～5 kg/（cm^3·h）。

（8）BOD_5容积负荷：0.5～2.5 kg/（cm^3·h）。

（9）运行控制方式：可编程序自动控制。

四、实验配置设备

反应柱体为直径×高＝∅150 mm×2 000 mm，装置本体下部为圆柱体，上部为三相分离器，其上有进水阀、排泥阀、出水阀、气阀等。

配套装置：不锈钢加热恒温水箱1套，加热恒温水套1套（一般保持35～55℃），恒温水泵1台，温度控制系统1套（控温精度为±1℃），小型进水泵1台，液体流量计1台，湿式气体流量计1台，可编程自动控制器1套，金属控制箱1个，漏电保护开关1套，电压表1只（0～250 V），水池底部防水板1张，电源线、连接管道、阀门等若干，固定实验台架1套。

五、实验步骤

（1）在插上UASB反应器总电源插头之前，首先检查一下电器控制箱上所有的控制开关均应处于“关”状态，总电源空气开关显示“OFF”时为“关”状态，检查其他各按钮开关均应关闭。

（2）检查一遍反应器各用电器的电源插头和与之相连的插座功能应一致，检查无误，插上总电源插头，开启总电源空气开关。

（3）恒温水循环系统的操作。

①打开数显控温仪，在面板下方有一排温度设置小窗口，通过按动“＋”“－”小按钮来设定所需的恒温循环水温度（一般反应温度应保持在

20～45℃之间）。

②打开恒温水箱盖，检查里面的水位情况，要求水位达到4/5水箱高的水平。开启恒温循环水泵，水箱中的水进入反应器夹套，并从夹套的上端回流至水箱，此时再检查水箱中的水位情况，要求水箱中的加热管和温度传感器探头能浸没于水中。

③开启加热器开关，开始进行恒温水的加热，控温仪上会显示温度的变化情况。

（4）进水方式和进水量的选择。

①如果选择手动将水样连续地注入反应器，请将可编程时控器设置到手动开状态（ON），手动开状态指示灯亮，按下进水泵开关，此时进水泵将水样连续地注入反应器。

②如果选择定时、定量进水样的话，请将可编程时控器设置到自动开状态（ON AT），并在可编程时控器上设定需要的时间控制程序。

③可编程时间控制器的设定：该时控器以一天为一个控制周期进行循环，每天可以设置最多8次“开”与“关”，即每天几点几分开始进水（开）、几点几分停止进水（关），可以在8次“开”与“关”以内任意设置。请仔细阅读可编程时间控制器的使用说明书。

（5）厌氧污泥的放入与培养。

将反应器顶端三相分离器的气罩拿开，将厌氧污泥（未经驯化或驯化好的）酌量倒入反应器，再加入培养液至三相分离器处，盖上气罩，便可进行厌氧污泥的培养和驯化。厌氧污泥的培养和驯化，建议采用时控进水方式进行，驯化好的厌氧污泥进行污水处理时，建议采用手动连续进水方式。

（6）代谢气体的计量。

厌氧消化所产生的代谢气体，经三相分离器分离后进入沼气水封槽，再由湿式气体流量计来进行累计式计量，通过湿式气体流量计的机械计数器和人工读数的方法，最终求出某一时间段的产气量。

（7）进水与出水。

调节进水流量至3～5 L/h（处理能力应考虑进水污染物的浓度、负荷等各种因素，而做出相应调整），废水由下而上流进厌氧污泥床后，进入顶部三相分离器，进行水气固的三相分离，出水流至水封槽后排出。定时对出水水质进行检测，并对各项数据进行整理与分析。

六、注意事项

（1）程序控制器如长时间不用，则内部会无电，不能正常工作，使用时，需按一下复位按钮，并将电源插上后，才能正常使用。

（2）加热器加热时，必须保证内部充满水，不能空烧。

（3）沼气水封槽的水位必须低于出水水封槽的水位，否则沼气会从出水水封槽中逃出，造成计量不准。

（4）设备反应温度不得超过50℃。

实验五　生物接触氧化实验

生物接触氧化池是生物膜法的一种主要设施，又称为淹没曝气式生物滤池。池内设置填料，填料淹没在废水中，池底放置曝气装置，空气来自鼓风机。本实验装置是生物接触氧化池的展览和教学演示设备。

一、实验目的

本实验希望达到以下目的：

（1）了解接触氧化池的内部构造。

（2）掌握接触氧化法的启动方法，观察微生物生长情况，能看到气泡、水流、生物膜的状态。

（3）就某种污水利用该装置进行动态实验，以确定污水的可生化性和工艺参数。

二、实验装置的工作原理

接触氧化池构造如图4－3所示。在运行初期，少量的细菌附着于填料表面，细菌的繁殖逐渐形成很薄的生物膜，在溶解氧和食物都充足的条件下，微生物的繁殖十分迅速，生物膜逐渐增厚。溶解氧和污水中的有机物凭借扩散作用，为微生物所利用。当生物膜达到一定厚度时，氧已经无法向生物膜内层扩散，好氧菌死亡，而兼性细菌、厌氧菌在内层开始繁殖，形成厌氧层，利用死亡的好氧菌为基质，并在此基础上不断发展厌氧菌。

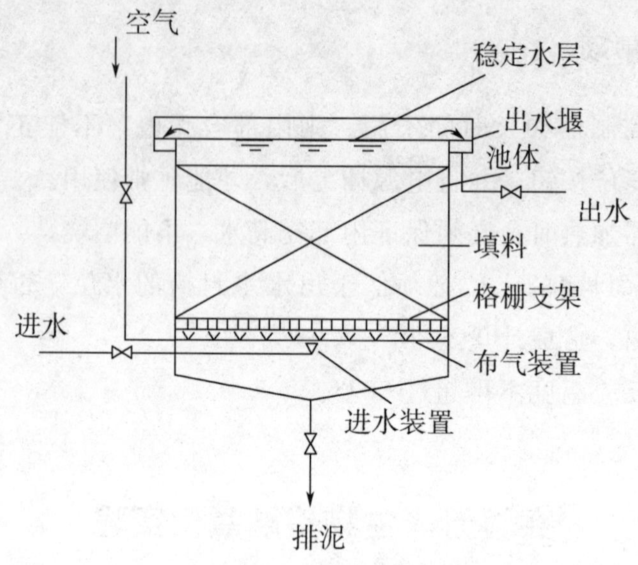

图 4-3　接触氧化池构造示意图

经过一段时间后厌氧菌在数量上开始下降，加上代谢气体产物的逸出，使内层生物膜大块脱落，在生物膜已脱落的填料表面上，新的生物膜又重新发展起来。在接触氧化池内，由于填料表面积较大，所以生物膜发展的每个阶段都是同时存在的，使去除有机物的能力稳定在一定的水平上。生物膜在池内呈立体结构，对保持稳定的处理能力有利。

淹没在废水中的填料上长满生物膜，废水在生物膜接触过程中，水中的有机物均被微生物吸附，氧化分解和转化为新的生物膜。从填料上脱落的生物膜，随水流到二次沉淀池，通过沉淀与水分离，废水得到净化。微生物所需要的氧气来自水中，空气来自池子底部的曝气装置，在气泡上升过程中，一部分氧气溶解在水里。

三、设备特点与参数

（一）设备参数

（1）最大充氧量：2 m^3/h 。

（2）处理水量：30～40 L/h。

（3）设备主体由有机玻璃制成。

（4）反应池尺寸：长×宽×高＝410 mm×410 mm×940 mm。

（5）设计进、出水水质：

进水	出水
BOD_5：160～300 mg/L	20～40 mg/L
COD_{Cr}：300～500 mg/L	28～60 mg/L
SS：80～160 mg/L	8～15 mg/L
pH：6～9	6～9

（二）设备特点

（1）对水冲击负荷（水力冲击负荷及有机浓度冲击负荷）的适应力强，在间歇运行条件下还能保持良好的处理效果。

（2）有较高的生物浓度，污泥浓度为 10～20 g/L，故大大提高了 BOD 容积负荷和处理效率，对低浓度的污水也能有效地进行处理。

（3）传质条件好，微生物对有机物的代谢速度比较快，缩短了处理时间。

（4）剩余污泥量少，污泥颗粒较大，易于沉淀。

（5）操作简单，运行方便，便于维护管理，不需污泥回流，能克服污泥膨胀问题，也不产生滤池蝇。

（6）生物膜的厚度随负荷的增高而增大，负荷过高则生物膜过厚，引起填料堵塞，故负荷不宜过高。

四、实验装置的组成和规格

本实验装置体包括池体、半软性填料、陶瓷曝气器。

配套装置：进水泵 1 台，进水流量计 1 个，配水箱 1 个，静音充氧泵 1 台，气体流量计 1 个，半软性填料 1 套，陶瓷微孔曝气器 1 套，开关 2 个，实验设备台架 1 套，连接管道、阀门及电器开关插座等若干。

五、实验步骤

（一）使用前的检查

（1）检查关闭以下阀门：接触氧化反应器的排空阀门，进水箱的排空阀门，空气泵的出气阀门，进水流量计调节阀。

(2) 检查进水泵和空气泵的电源插头应插在相应的功能插座上。

(3) 检查关闭两个功能插座上方的控制开关（有色点的一端翘起为“关”状态，有色点的一端处于低位为“开”状态）。

(二) 生物膜的培养与驯化

(1) 配置100 L左右的生物膜培养液（浓度可以比活性污泥培养液低一些），直接倒入生物膜反应器，同时倒入1 L左右的活性污泥作为接种源。

(2) 插上电源控制箱的电源插头，合上总电源空气开关，再合上空气泵开关，空气泵开始工作。慢慢开启空气泵的出气阀，调节到反应器的曝气头均匀出气、气泡量又不太大为宜（气泡量太大不易挂膜）。曝气过程贯穿整个培养和实验过程不要停止。

(3) 如此培养挂膜若干天后，就可以看到有生物膜附着在丝状弹性填料上，此时，每天可以适当排放掉一些沉在底部的污泥。

(4) 配置正常浓度的生物膜培养液，倒入进水箱，合上进水泵控制开关，进水泵开始工作。调节进水流量计至停留时间为6～8 h的进水流量，继续培养生物膜，直至生物膜挂膜完毕。

(5) 每天适当地往培养液中添加一些待处理的废水，添加量每天增加，直至生物膜完全适应该浓度的废水为止（实验废水的浓度不能太高，不能含有较多的毒性物质），驯化阶段完毕。

(6) 如果采用无毒性的人工配置水进行实验，则无须进行驯化过程。

(三) 进行实验

(1) 将实验水倒入进水箱。

(2) 确定实验所需要的反应器水力停留时间，并计算出进水流量。

(3) 开启进水泵，调节进水流量计至所需的流量，让反应器处理实验水一定的时间，然后在反应器的溢流槽出水口进行取样，与原水一起进行相关项目的检测，最终取得实验结果。

(四) 实验后整理

(1) 如果结束本实验后过几天还要使用该反应器，则可用生物膜培养液来维持反应器的活性状态；如果结束本实验后较长时间内不再使用该反应器，则将空气泵的出气阀门开到最大，用气泡将生物膜冲刷下来，然后开启反应器的排空阀门，将水和污泥一起排出。

（2）关闭进水泵和空气泵的开关，关闭总电源空气开关，拔下总电源插头。

（3）打开进水箱的排空阀门，放干所有的积水。

（4）用自来水清洗反应器、填料和水箱，并放干所有的积水，待下次实验备用。

六、实验配套设备及仪器

测定污水 BOD、COD、SS 等项目的仪器和化学试剂。

七、说明

（1）池体用有机玻璃制作。

（2）填料由化学纤维编结成束，呈绳状连接。

CHAPTER 5 第五章

实验仿真系统

实验一　自由沉淀实验

一、实验目的

（1）通过实验加深对自由沉淀的概念、特点、规律的理解。

（2）掌握自由沉淀的实验方法，并能对实验数据进行分析、整理、计算。

（3）根据实验数据绘制沉淀曲线，计算某一沉淀速率下的沉淀效率。

二、实验原理及设备

（一）实验原理

自由沉淀的特征：水中的固体悬浮物浓度不是很高，而且不具有凝聚的性质，在沉淀的过程中，固体颗粒不改变形状、尺寸，也不互相黏合，各自独立地完成沉淀过程。废水中的固体颗粒在沉砂池中的沉淀及低浓度污水在初沉池中的沉降过程都是自由沉淀。自由沉淀过程可以由斯托克斯（Stokes）公式进行描述，即

$$u=\frac{1}{18}\times\frac{\rho_g-\rho}{\mu}gd^2$$

式中：u——颗粒的沉速；ρ_g——颗粒的密度；ρ——液体的密度；μ——液体的黏滞系数；g——重力加速度；d——颗粒的直径。

但是由于水中颗粒的复杂性，公式中的一些参数很难确定，因此对沉淀的效果、特性的研究，通常要通过实验来实现。本实验就是通过测定在一个自由沉淀的有机玻璃管内同一截面上不同时间的浊度，计算沉淀速率和沉淀（去除）率，从而得到沉淀率－沉淀速率的关系曲线。

同时，考察理想沉淀池，我们可以得到

$$\frac{Q}{A}=u=q$$

式中：Q——沉淀池的设计处理水量；A——沉淀池的面积；u——颗粒沉速；q——表面负荷。

表面负荷 q 与颗粒沉速 u 在数值上是相等的，但是单位不同，通过沉淀性能测定求得应去除颗粒群的最小沉速 u，也就得到了理想沉淀池的表面负荷 q 值。

通过上式可以看到，在一定流量（处理水量）下，沉淀池表面积越大，则分离的悬浮颗粒沉淀速率越小，颗粒粒径也就越小，由沉淀性能曲线可知，其沉淀率越大。由此看出，沉淀池的沉淀率仅与颗粒沉速或者表面负荷有关，而与沉淀池的深度和沉淀时间无关。因此，在可能的条件下，应该把沉淀池建得浅些，表面积大些，这就是颗粒沉淀的浅层理论。在普通沉淀池内装设斜板（斜管），也是基于这个理论。

（二）实验设备

实验设备主要由一个有机玻璃沉淀柱和一台污水泵组成（图 5－1），污水泵的出口、入口分别与沉淀柱的上、下两端相连，启动污水泵就能起到搅拌作用。

沉淀柱主要参数：内径 0.25 m，高 2.2 m；内装高岭土和水的混合液，深度为 2 m；侧面有 3 个取样口 a、b、c，深度分别为 0.2 m、1 m、1.8 m。

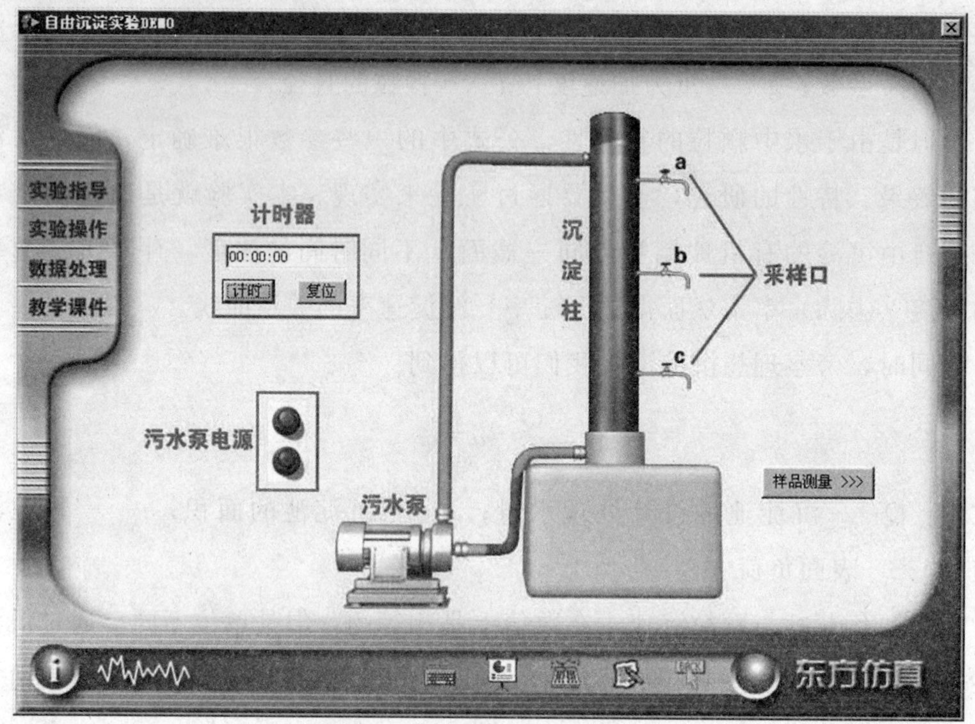

图 5-1

为了能方便、快速地测定水中的悬浮物浓度，采用了 LaMotte 公司的 2020 型浊度计（图 5-2）。此浊度计为新型散射光浊度计，测量范围为 0.00～1 100NTU，用悬浮物浓度为 640 mg/L、浊度为 400NTU 的标准液进行校正。

图 5-2

三、实验操作

（一）登录

进入实验后，会出现“请先登录”对话框，如图 5－3 所示。

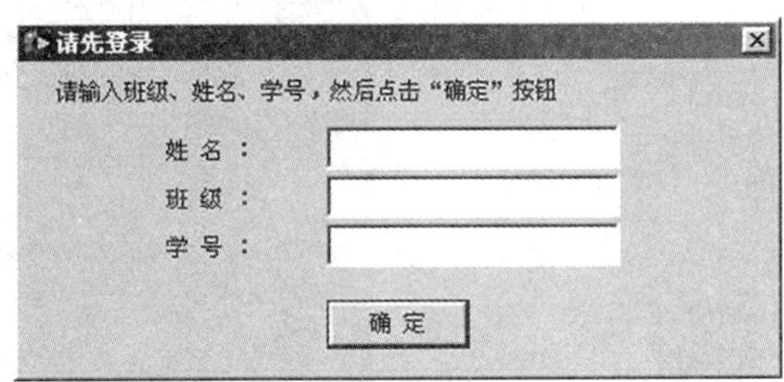

图 5－3

请认真填写班级、姓名、学号三项内容，这三项内容将被记录到实验报告文件当中。

（二）实验主界面

实验主界面如图 5－4 所示。

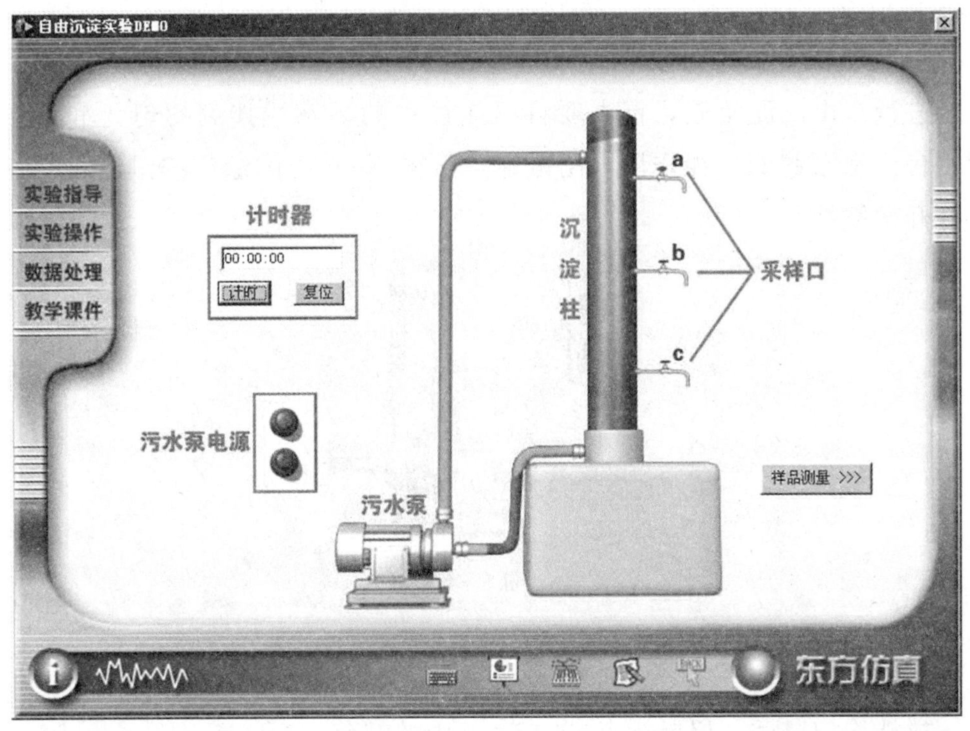

图 5－4

（三）样品浊度测量界面

浊度测量界面如图 5－5 所示。

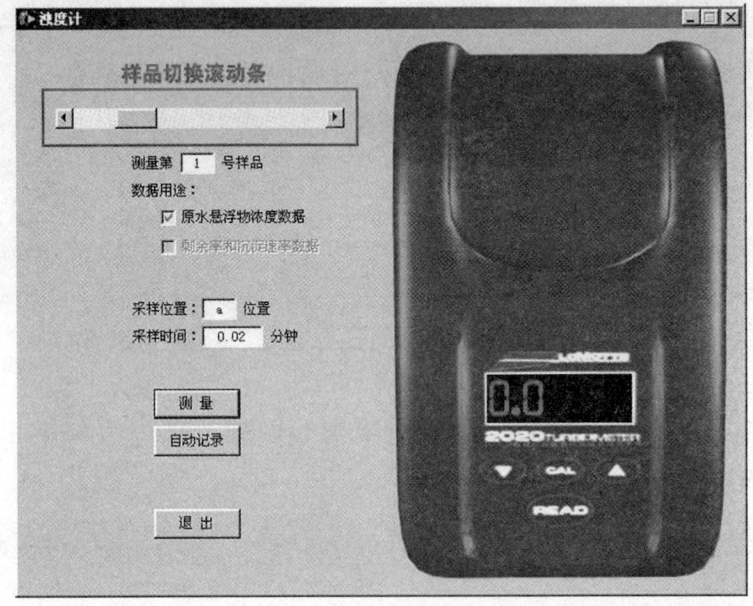

图 5－5

（四）开始搅拌

进行自由沉淀实验，首先要将沉淀柱中的污水搅拌到均匀。本实验采用一台污水泵起到搅拌作用，用鼠标点击图 5－6 中的绿色按钮接通电源开关，开始搅拌。

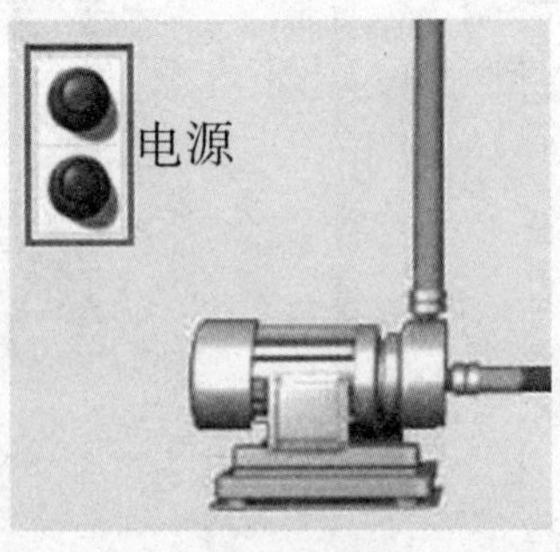

图 5－6

（五）停止搅拌、开始计时、采集样品

搅拌均匀以后，用鼠标点击图 5－6 中的红色按钮切断电源，停止搅拌。用鼠标点击图 5－7 所示的“计时”按钮，开始计时。

图 5－7

点击沉淀柱右侧三个取样口中的一个取样，系统会自动完成取样动作，仅在第一次演示取样动画，播放动画的同时计时自动停止，播放完毕后计时自动继续。演示动画完成后，出现数据分组窗口，选择当前采集的样品要作为哪组的数据（图 5－8）。

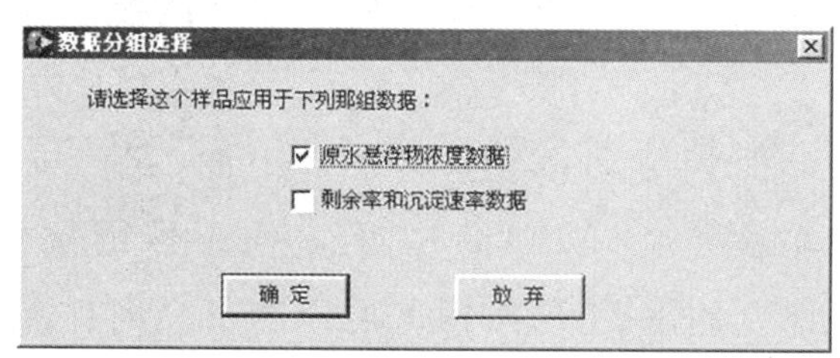

图 5－8

然后，尽快点击另外两个取样口取样，第一次所取得的三个样品作为“原水悬浮物浓度数据”，分别在第 5、10、15、20、30、40、50、60 min 从 b 位置取样口取样（图 5－9），作为“剩余率和沉淀速率数据”。

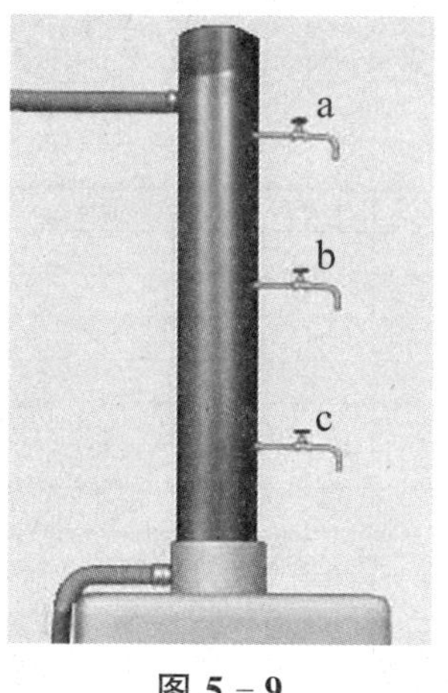

图 5－9

（六）样品测量和数据记录

样品的悬浮物浓度由一台浊度计测量浊度，然后换算为悬浮物浓度确定，测量界面如图 5－10 所示。

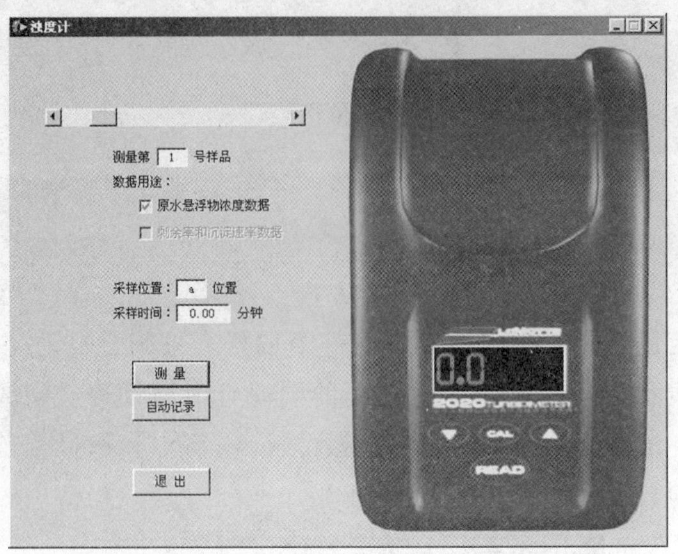

图 5－10

点击或者拖动上面的滚动条切换样品，下面的信息栏会自动显示样品编号、数据用途、采样位置和时间等内容，便于进行数据记录。点击“测量”按钮或者浊度计上的 READ 按钮，可以测量当前样品的浊度。

把当前的数据写入“数据处理”界面的数据表格中（图 5－11）。如果开启了自动记录功能，可以点击“自动记录”按钮，数据就会自动写入数据表格。

实验报告

原水悬浮物浓度数据 | 剩余率和沉淀速率数据 | 沉淀性能曲线 | 设备参数

自动计算

编 号	取样位置	时间(min)	浊度(NTU)	悬浮物浓度(mg/L)
1				
2				
3				
4				
5				
6				
7				
8				
9				
10				

原水悬浮物浓度计算结果：

保 存　加 载　报 表　退 出

图 5－11

（七）数据处理和绘制曲线

数据记录完毕后，点击图 5－12 右上角的“自动计算”按钮，系统就会根据写入的数据自动计算出结果，并显示在表格内。

实验报告

原水悬浮物浓度数据　剩余率和沉淀速率数据　沉淀性能曲线　设备参数

自动计算

编 号	取样位置	时间(min)	浊度(NTU)	悬浮物浓度(mg/L)
1	a	0.01	251	
2	b	0.02	249	
3	c	0.03	249	
4				
5				
6				
7				
8				
9				
10				

原水悬浮物浓度计算结果:

保 存　加 载　报 表　退 出

图 5－12

计算完成后，到“沉淀性能曲线”页（图 5－13），点击右上角的“开始绘制”按钮，就可以根据前面的数据和计算结果画出“沉淀性能”曲线。

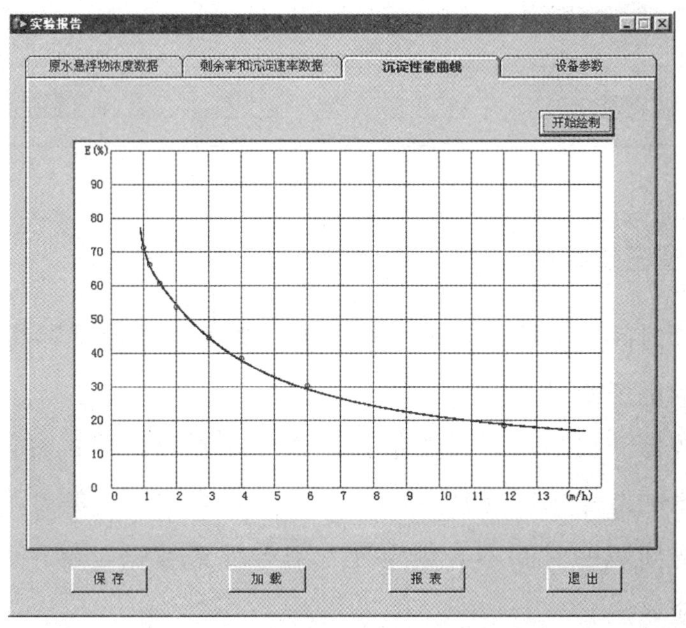

图 5－13

(八) 实验报告的后期处理

窗口（图 5 - 14）的最下面一排有四个按钮：

保存：把当前的实验数据保存到一个数据文件当中。

加载：从一个数据文件当中读取实验数据。

报表：根据实验数据生成可打印的实验报表。

退出：关闭实验报告窗口。

编 号	取样位置	时间(min)	浊度(NTU)	悬浮物浓度(mg/L)
1	a	0.01	251	401.6
2	b	0.02	249	398.4
3	c	0.03	249	398.4
4				
5				
6				
7				
8				
9				
10				

图 5 - 14

四、实验注意事项

（1）搅拌时间要足够，否则沉淀柱内的悬浮物浓度不够高或者不均匀，会导致曲线的范围变窄。

（2）搅拌停止以后，要尽快地采集原水悬浮物浓度的样品，否则会因为悬浮物自身的沉淀导致数据偏差。

（3）采样间隔的时间不必规定死，但要保证数据足够，并且开始的时候采样时间应该短。

(4) 由于取样必然会导致液面的变化，实际上取样口的深度会一直减小，但是在实际当中随时测量水深又不方便，考虑到使用新的悬浮物浓度测量方法需要的样品水量很小，所以这种误差可以忽略。

(5) 在以往的实验设计当中，一般都是用烘干称重法测量水中的悬浮物浓度，但是这种方法比较复杂，而且有自身的局限性，首先要求采样量要大，否则不能保证精度，其次容易受水中溶解性物质的干扰。此法虽然是标准的测量方法，然而在实际生产操作时几乎都不采用，而是采用浊度这个替代参数。实际上，如果用浊度代替悬浮物浓度，也可以得到类似的关系曲线。本实验为了符合大家以前的习惯，把浊度转化为悬浮浓度。

实验二 混凝实验

一、实验要求

通过烧杯实验，确定已知混凝剂的最佳 pH 和最佳投药量。

二、实验原理

混凝阶段所处理的对象，主要是水中的悬浮物和胶体杂质。胶体颗粒靠自然沉降是不能去除的。通过投加混凝剂，混凝剂在胶粒与胶粒之间起着吸附架桥作用，或通过高分子链状物吸附胶粒，形成絮凝体（俗称矾花）。自投加混凝剂至形成矾花的过程叫混凝。混凝过程最关键的是确定最佳混凝工艺条件，因混凝剂的种类较多，混凝条件很难确定，既要选定某种混凝剂的投加量，还需考虑 pH 的影响。

通过烧杯实验，可确定一种混凝剂的最佳 pH 和最佳投药量。在一系列烧杯上用不同的混凝剂投加量和不同的 pH 测定混凝效果，从而得到混凝效果—混凝剂投加量、混凝效果—pH 曲线。

三、设备介绍

本实验所用搅拌器的原型为 SC 系列搅拌器（图 5－15），由微电脑控制，液晶显示。其主要功能：预先设定搅拌时间、搅拌转速，并有数字显示，当实验达到预设时间后即自动停止搅拌；转速共有 3 级可调，时间从 1 min 到 99 min 无级可调；达到搅拌时间后，各叶片停止搅拌并上升到位。

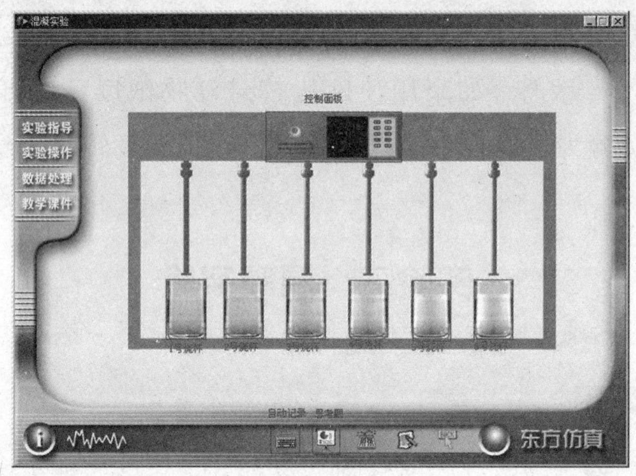

图 5－15

四、实验步骤

（一）最佳混凝剂投量实验

1. 加入原水

点击主界面上的“1 号烧杯”，即可弹出 1 号烧杯配置窗口（图 5－16）。

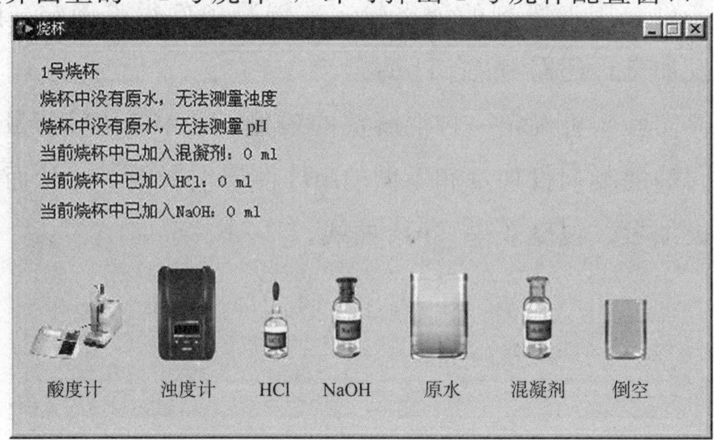

图 5－16

点击配置窗口下方的原水图标，即可向 1 号烧杯中注入 800 mL 原水，如图 5－17 所示。

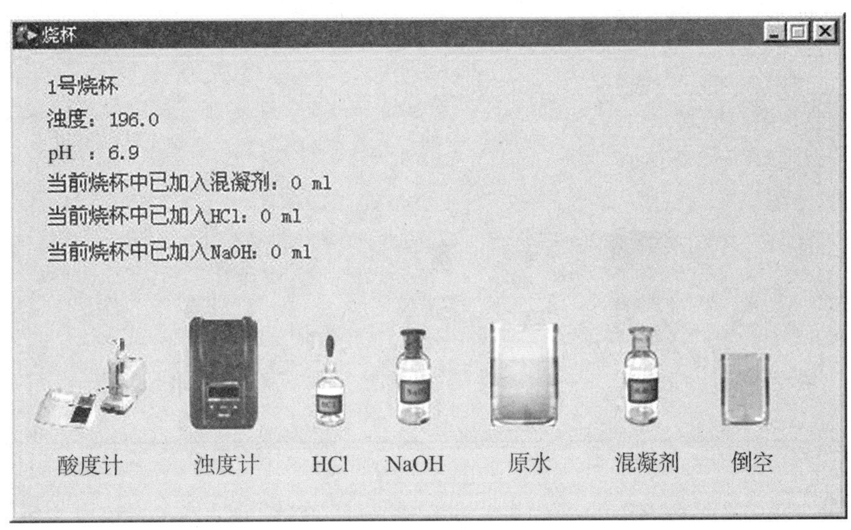

图 5－17

采用同样的方法为其余烧杯各加入 800 mL 原水。

2. 加入混凝剂

点击 1 号烧杯配置界面下方的“混凝剂”图标，即可出现混凝剂量输入框（图 5－18），输入数字 2，表示加入 2 mg 混凝剂，即 20 mL 混凝剂溶液（图 5－19）。

注：每个烧杯中加入的混凝剂量不能多于 10 mg。

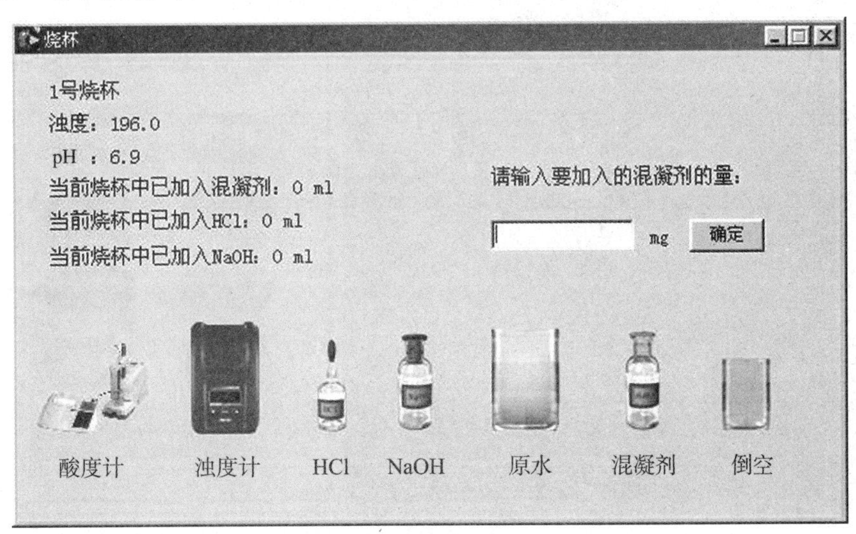

图 5－18

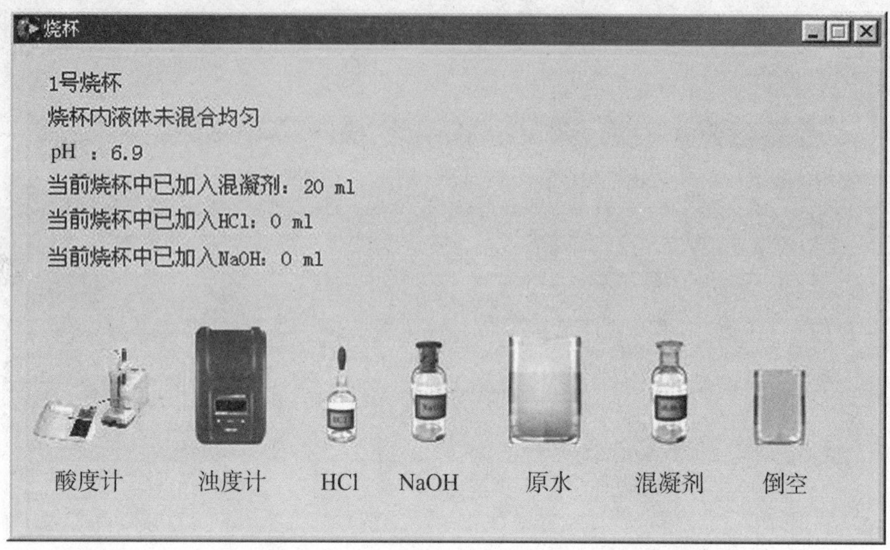

图 5 - 19

同样，在 2 号烧杯中加入 3 mg 混凝剂，在 3 号烧杯中加入 4 mg 混凝剂，在 4 号烧杯中加入 5 mg 混凝剂，在 5 号烧杯中加入 6 mg 混凝剂，在 6 号烧杯中加入 7 mg 混凝剂。

3. 启动控制面板

点击主界面的“控制面板”，即可弹出“控制面板”界面，如图 5 - 20 所示。

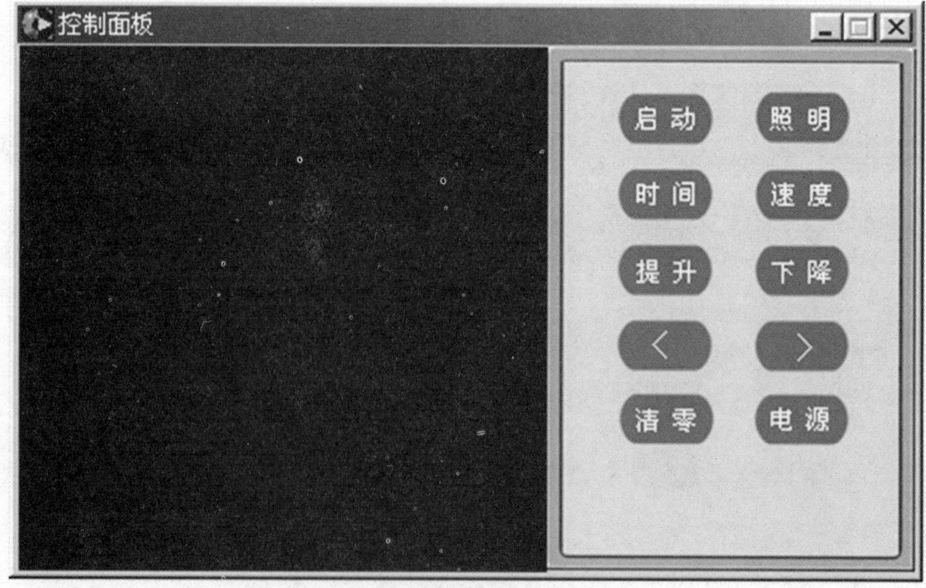

图 5 - 20

点击右边的“电源”按钮，即可启动控制面板（图 5－21）。

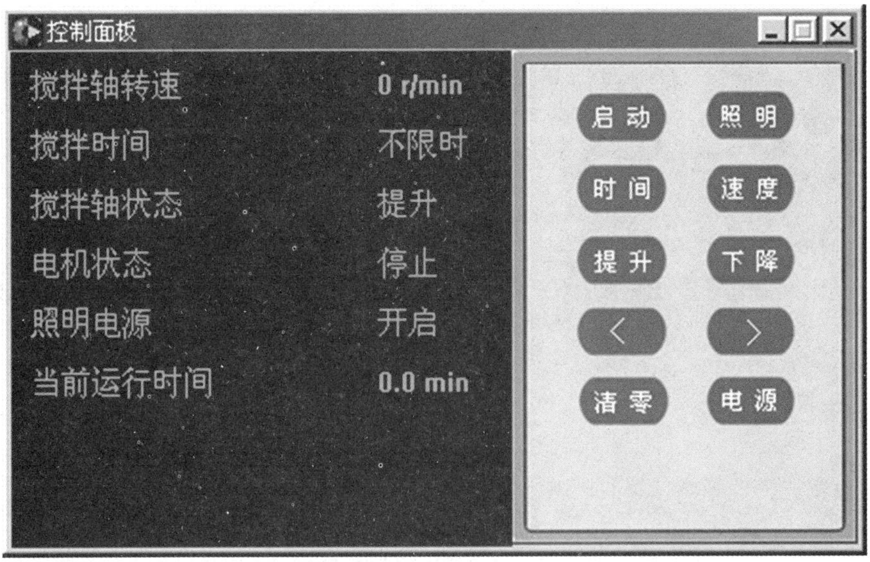

图 5－21

4．高速搅拌

设定搅拌时间为 1 min、搅拌转速为 300 r/min，开始搅拌（图 5－22）。

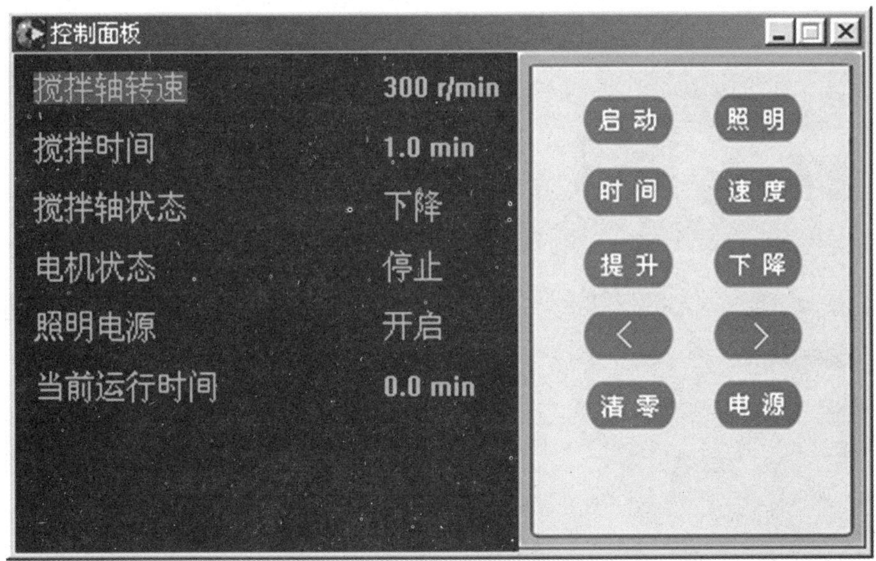

图 5－22

1 min 后，系统即自动停止搅拌（图 5－23）。

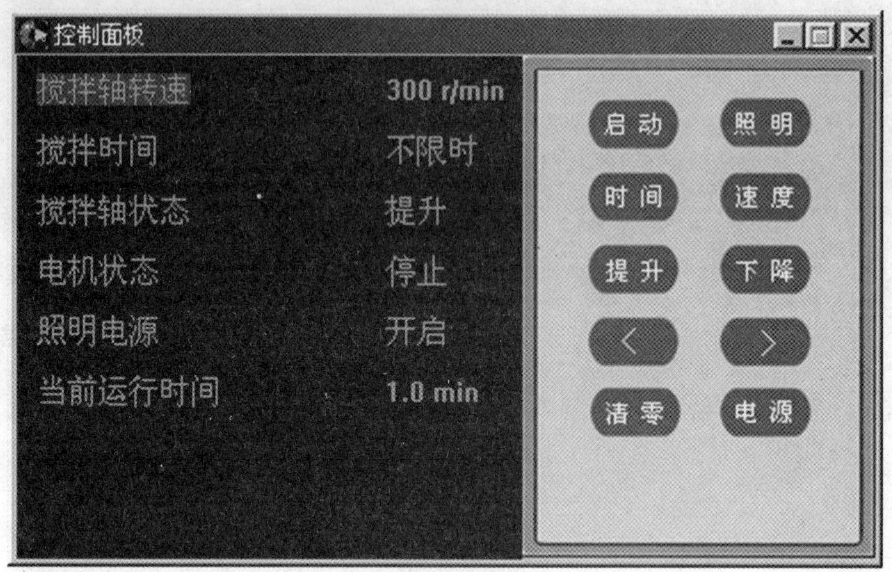

图 5－23

5. 中速搅拌

继续设定搅拌转速 150 r/min、搅拌时间为 5 min，开始搅拌（图 5－24）。

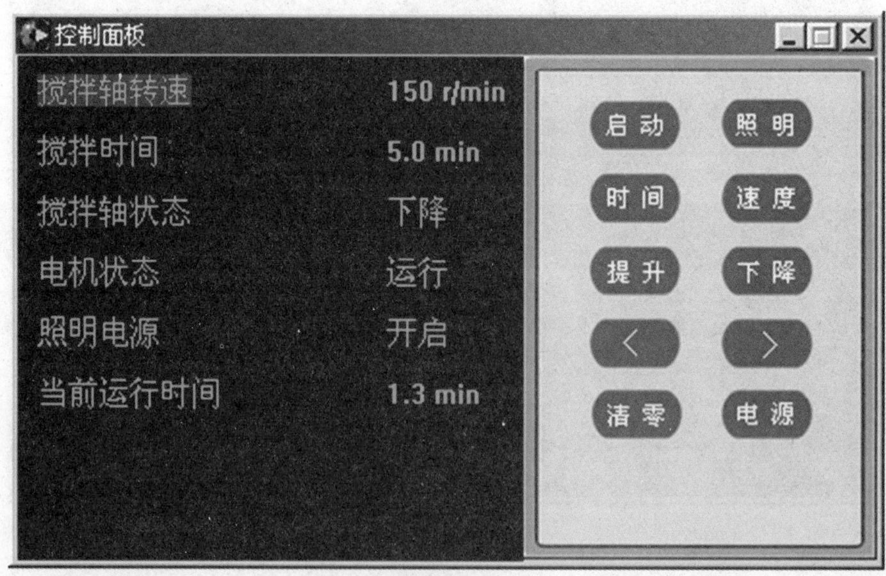

图 5－24

6. 低速搅拌

继续设定搅拌速度为 70 r/min、时间 10 min，开始搅拌（图 5-25）。

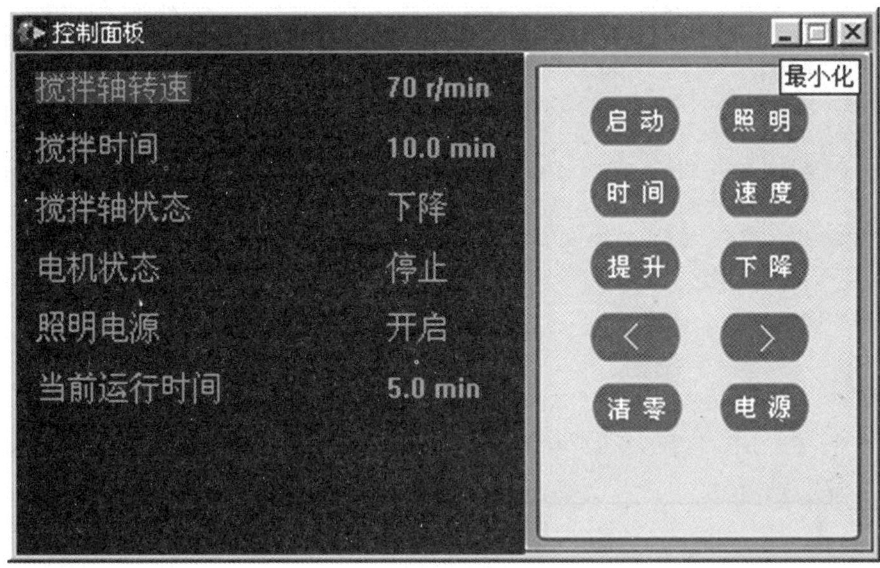

图 5-25

7. 静置沉淀

慢速搅拌完成后，即可打开烧杯配置界面，查看烧杯状态（图 5-26）。

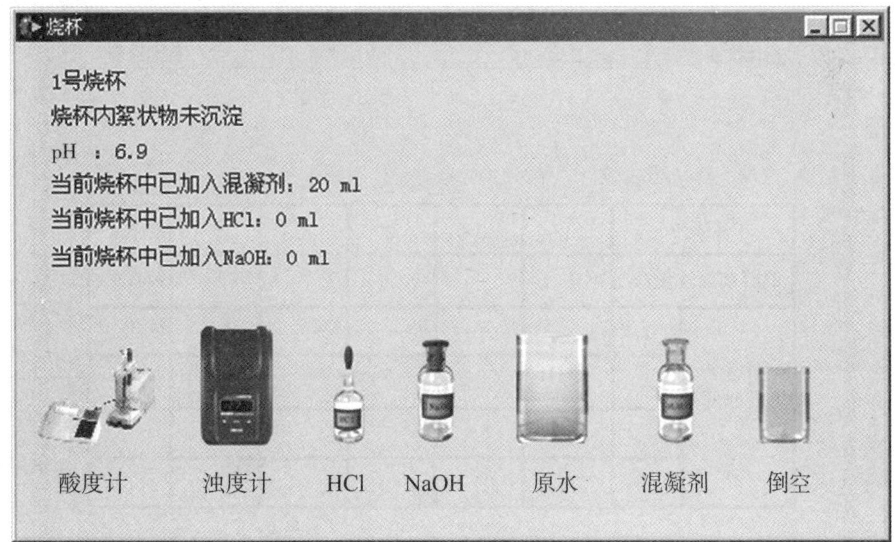

图 5-26

经过一段时间后，沉淀接近完成，界面上即显示出烧杯液体的浊度和酸度（图 5-27），浊度不再变化即表示沉淀完全。

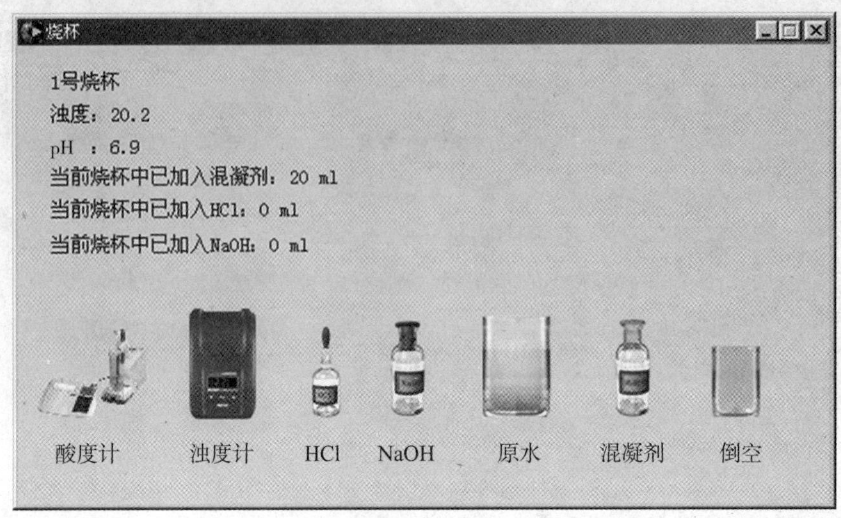

图 5-27

8. 记录数据

沉淀完全后，点击主界面的“自动记录”按钮，自动记录数据。打开数据处理窗口，查看记录的数据（图 5-28）。

数据处理

最佳投量 | 最佳pH值 | 数据曲线 | 实验设备

水样编号		1	2	3	4	5	6
混凝剂加注量/ml		20.0	30.0	40.0	50.0	60.0	70.0
剩余混浊度/(°)	1	20.2	15.2	10.2	8.2	9.9	14.9
	2						
	3						
	4						

保存 读入 报表 退出

图 5-28

点击数据曲线面板上的“自动绘制”按钮，绘制数据曲线。根据曲线即可得到最佳混凝剂投量（图 5－29）。

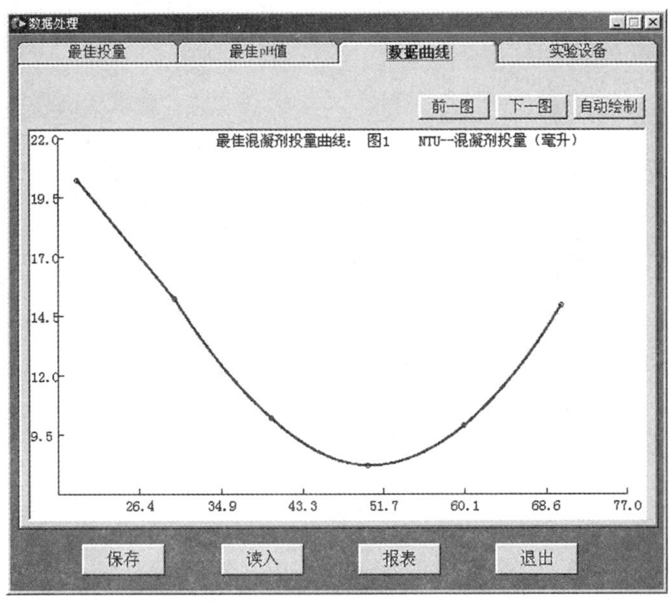

图 5－29

（二）最佳 pH 测量

1. 调节 pH

点击主界面的“1 号烧杯”，打开 1 号烧杯配置界面。

点击配置界面上的“倒空”图标，倒空烧杯内液体，并清洗烧杯。

点击“原水”图标，加入 800 mL 原水。

点击“HCl”图标，在弹出的输入框（图 5－30）中输入 30，即加入 30 mL HCl（图 5－31）。

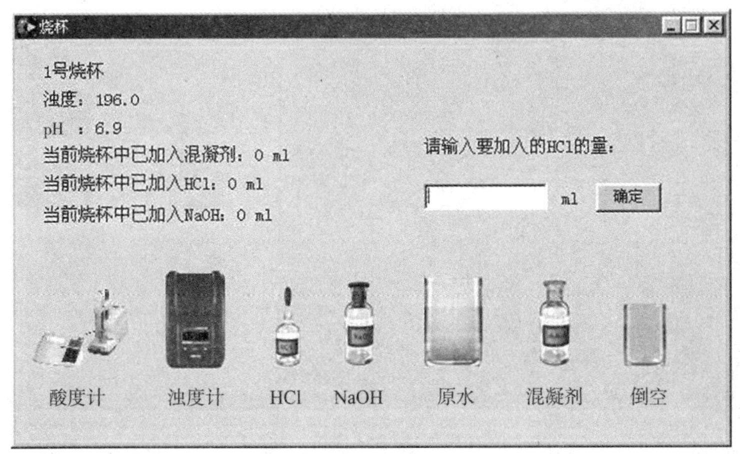

图 5－30

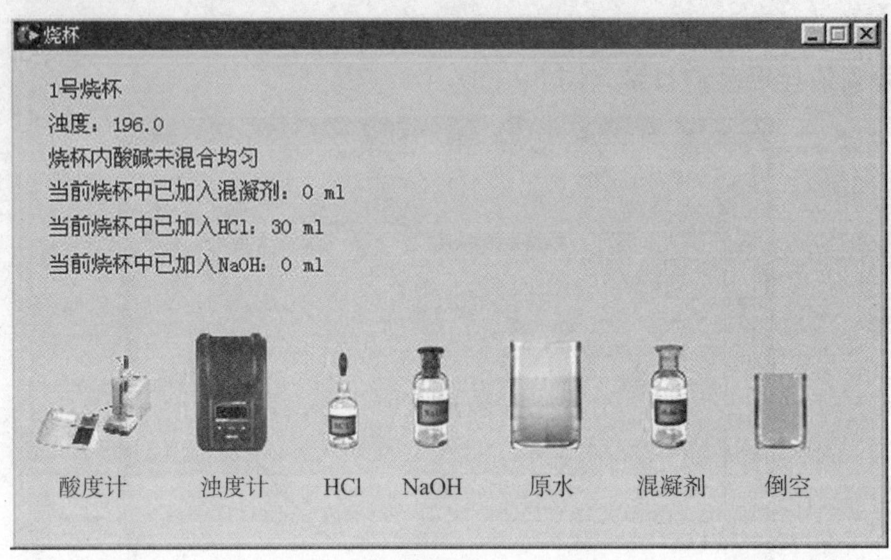

图 5－31

采用同样的方法，在 2 号烧杯中加入 800 mL 原水和 20 mL HCl，在 3 号烧杯中加入 800 mL 原水和 10 mL HCl，在 4 号烧杯中加入 800 mL 原水和 1 mL HCl，在 5 号烧杯中加入 800 mL 原水和 10 mL NaOH，在 6 号烧杯中加入 800 mL 原水和 20 mL NaOH。

注：每个烧杯中加入的酸和碱量不能超过 50 mL。

2. 高速搅拌

设定搅拌时间为 1 min、搅拌转速为 300 r/min，开始搅拌（图 5－32）。

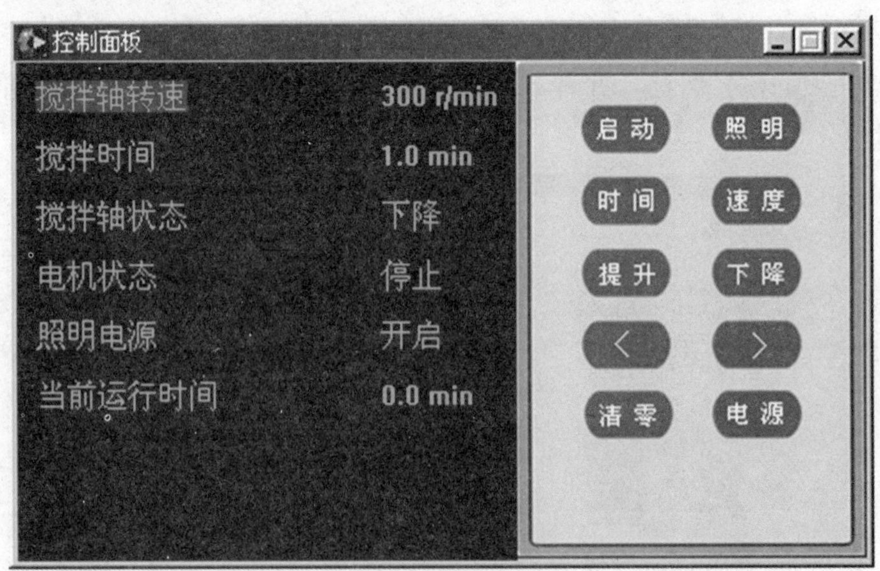

图 5－32

1 min 后，系统即自动停止搅拌（图 5－33）。

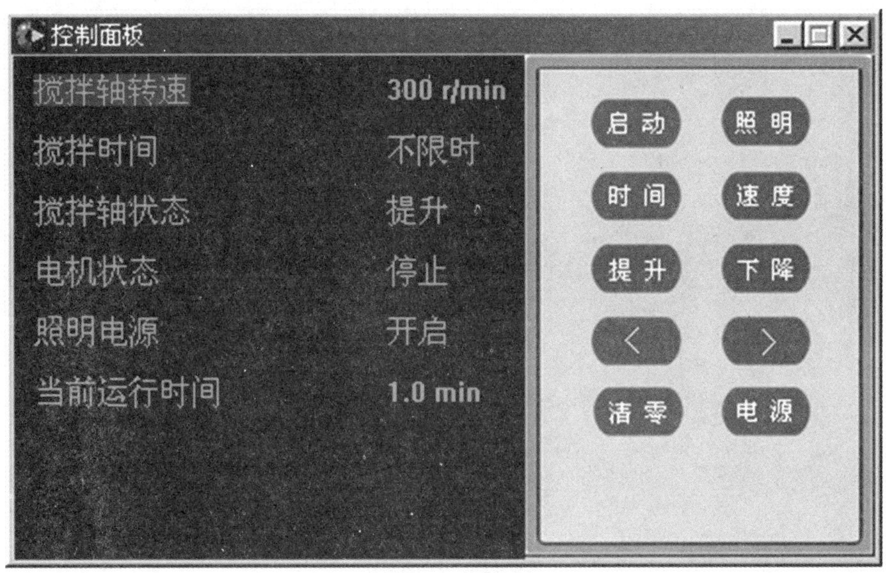

图 5－33

3. 加入混凝剂

在每个烧杯中加入最佳投量的混凝剂，约 5 mg（图 5－34）。

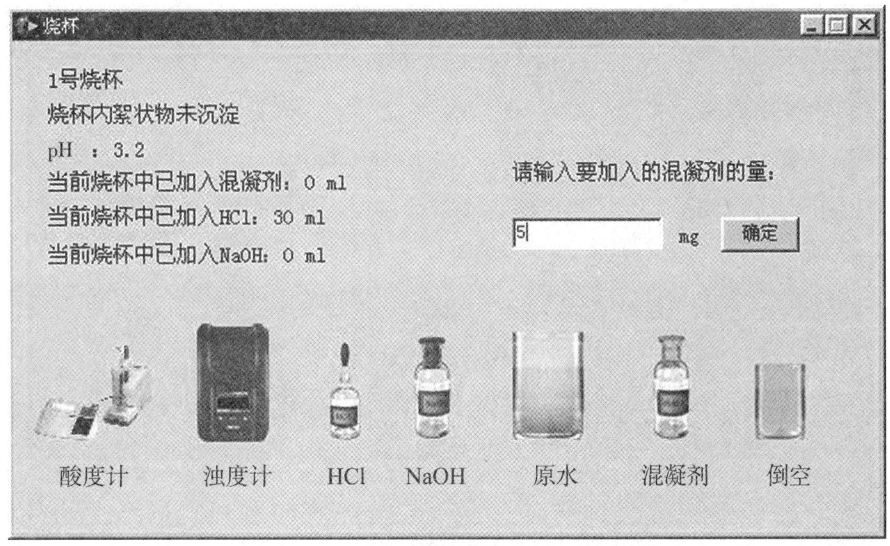

图 5－34

4. 高速搅拌

设定搅拌时间为 1 min、搅拌转速为 300 r/min，开始搅拌（图 5－35）。

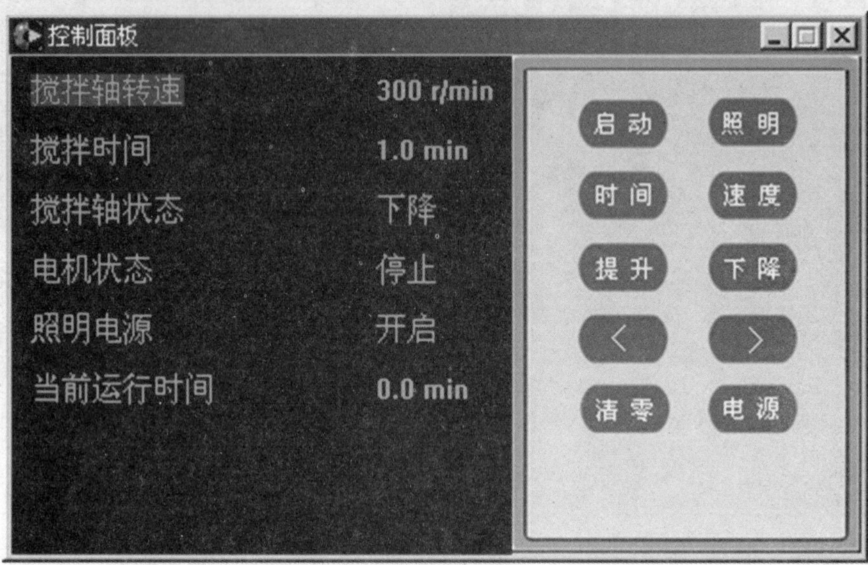

图 5－35

1 min 后，系统即自动停止搅拌（图 5－36）。

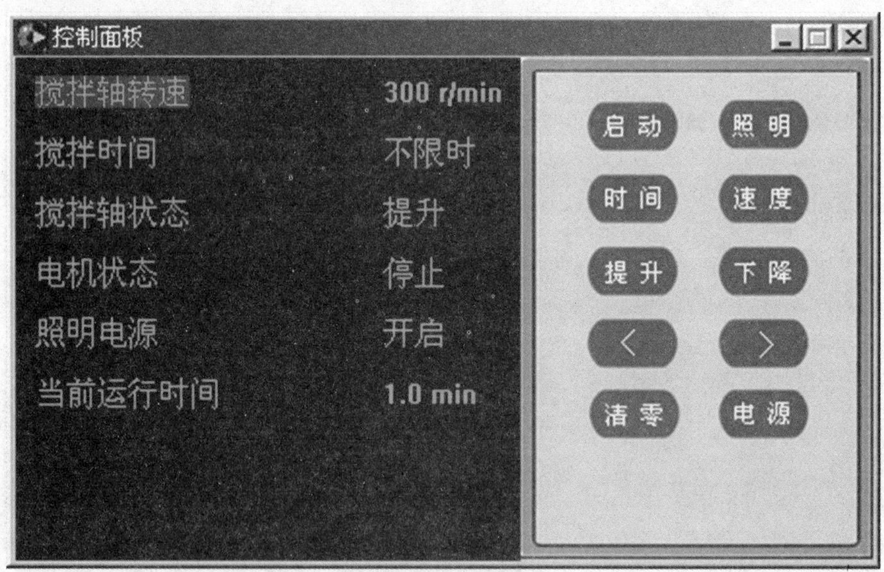

图 5－36

5. 中速搅拌

继续设定搅拌转速 150 r/min、搅拌时间 5 min，开始搅拌（图 5－37）。

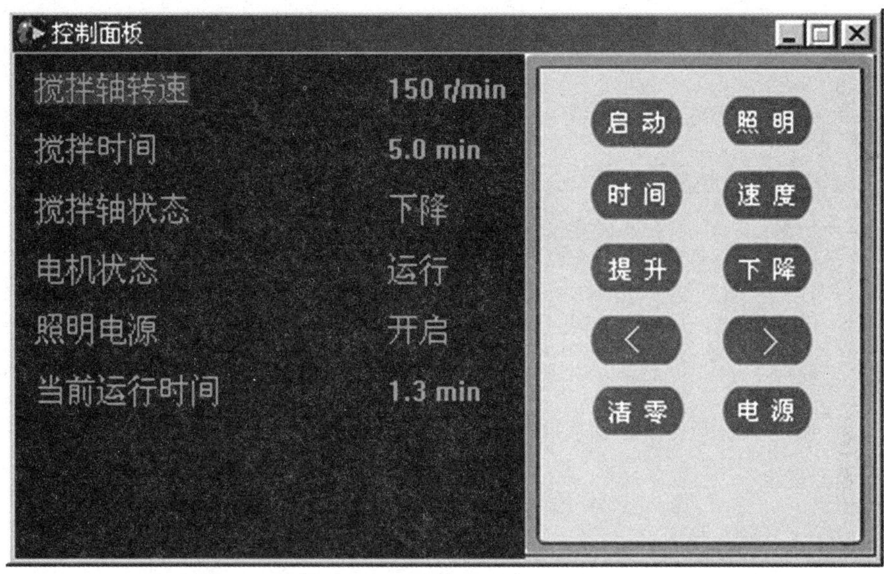

图 5－37

6. 低速搅拌

继续设定搅拌速度 70 r/min、时间 10 min，开始搅拌（图 5－38）。

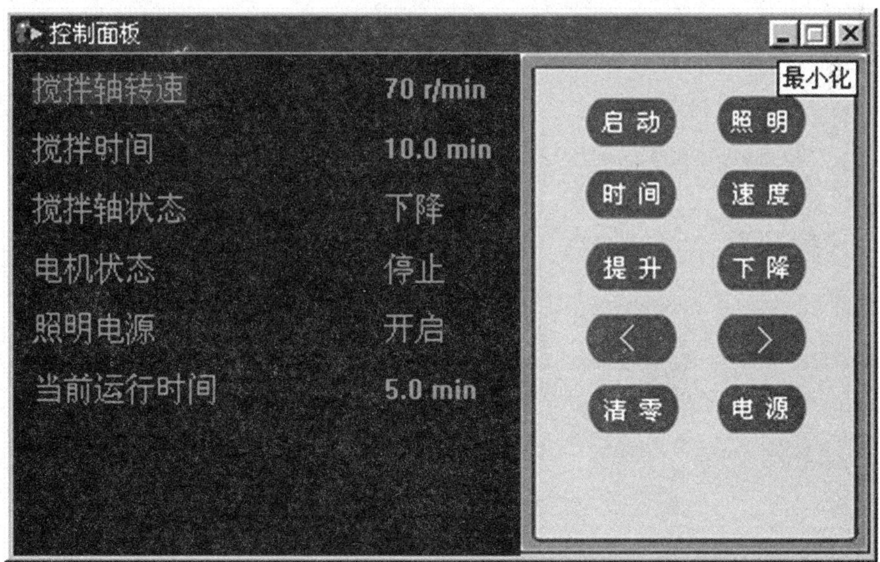

图 5－38

7. 静置沉淀

慢速搅拌完成后，即可打开烧杯配置界面，查看烧杯状态（图 5-39）。

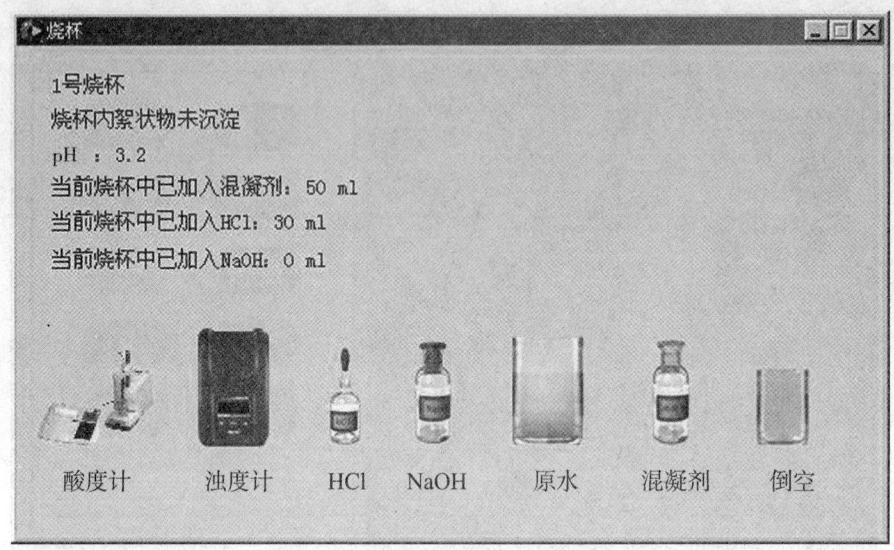

图 5-39

经过一段时间后，沉淀接近完成，界面上即显示出烧杯液体的浊度和酸度（图 5-40），浊度不再变化即表示沉淀完全。

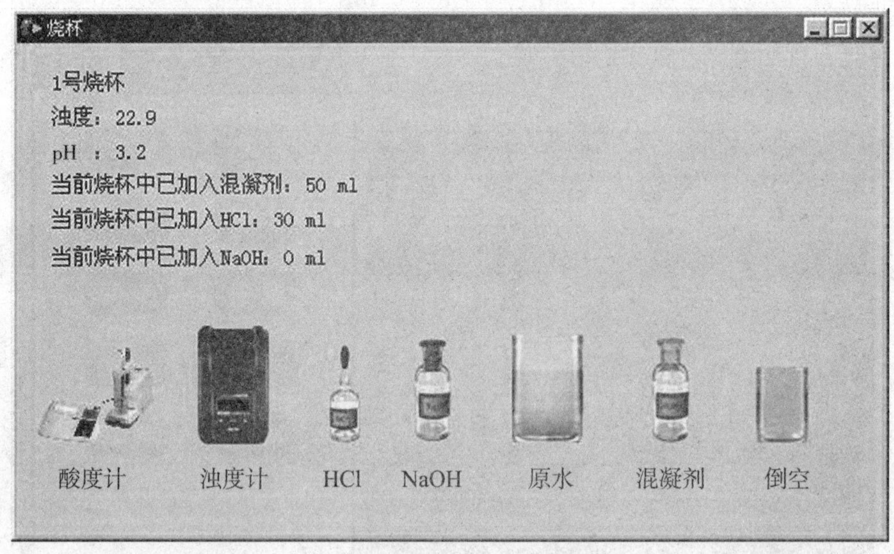

图 5-40

8. 数据处理

沉淀完成后，点击主界面的“自动记录”，记录实验数据（图 5－41）。

数据处理

最佳投量 | 最佳pH值 | 数据曲线 | 实验设备

水样编号		1	2	3	4	5	6
HCl(10%) /ml		30.0	20.0	10.0	1.0	0.0	0.0
NaOH(10%) /ml		0.0	0.0	0.0	0.0	10.0	20.0
pH		3.2	3.6	4.3	6.6	9.5	10.2
混凝剂加注量/ml		55.0	55.0	55.0	55.0	55.0	55.0
剩余混浊度/(°)	1	23.4	20.0	15.2	8.4	21.0	27.3
	2						
	3						
	4						

保存 读入 报表 退出

图 5－41

点击数据曲线面板上的“自动绘制”按钮，绘制数据曲线（图 5－42）。根据曲线即可得到最佳 pH。

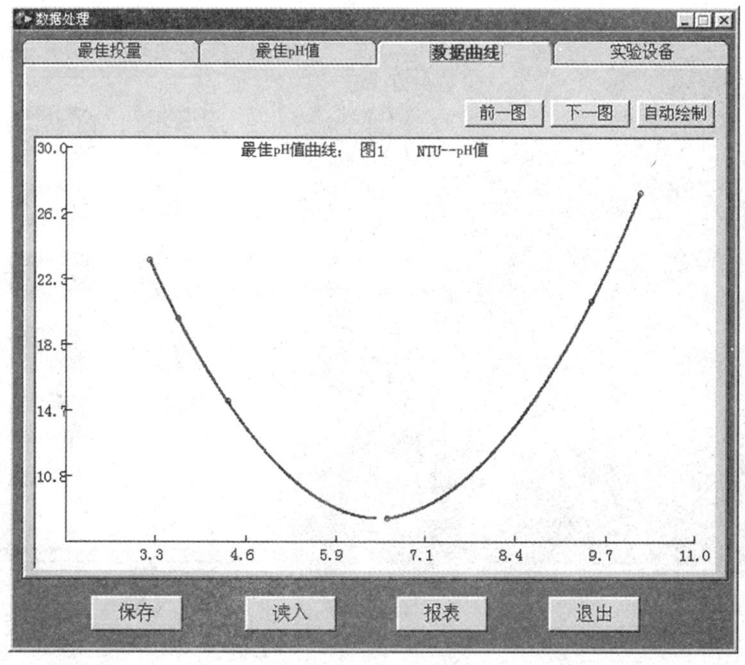

图 5－42

（三）控制面板的使用

1. 界面介绍

“控制面板”界面如图 5－43 所示，左边为显示区，右边为按钮区。

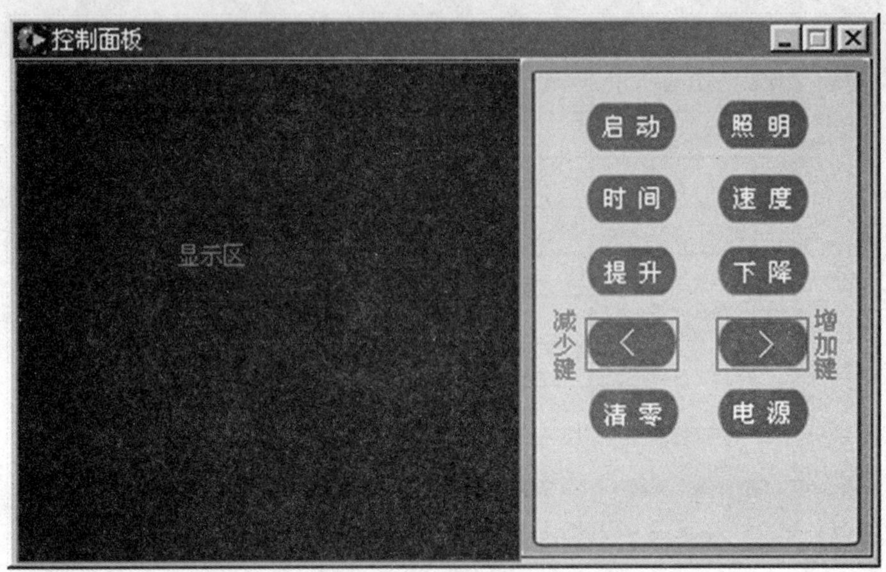

图 5－43

2. 电源

点击按钮区的“电源”按钮可启动控制面板，如图 5－44 所示。

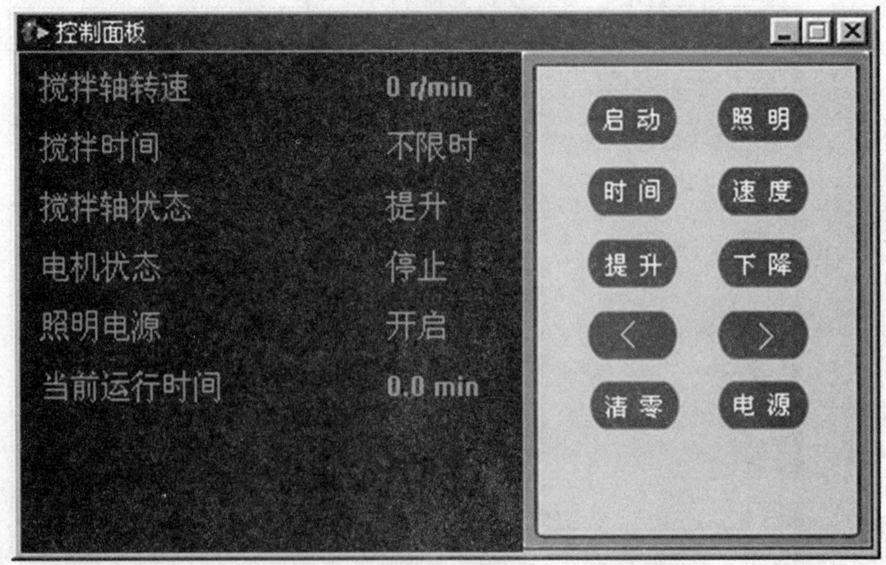

图 5－44

3. 时间设定

点击“时间”按钮，显示区的“搅拌时间”高亮显示，表示可以开始设置搅拌时间，如图 5-45 所示。

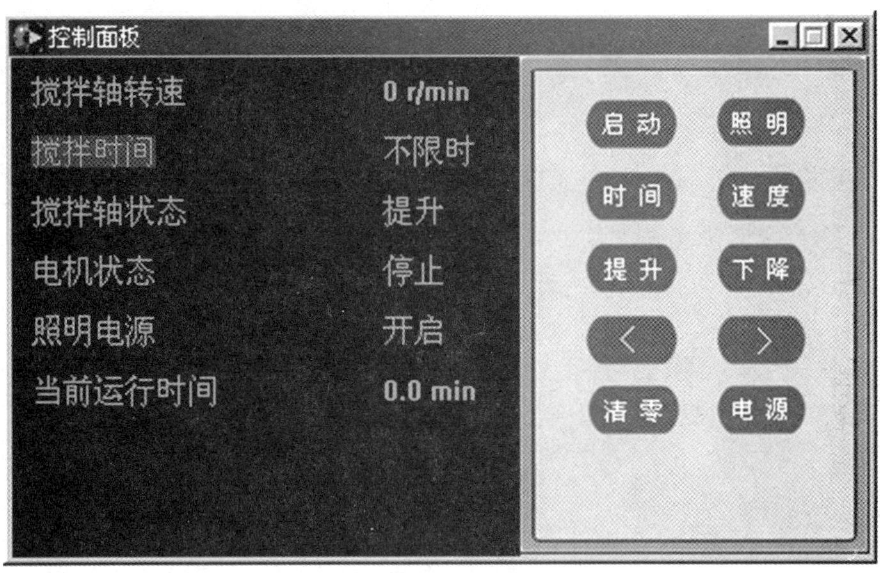

图 5-45

点击增加键和减少键可以增减设定的搅拌时间，如图 5-46 所示。

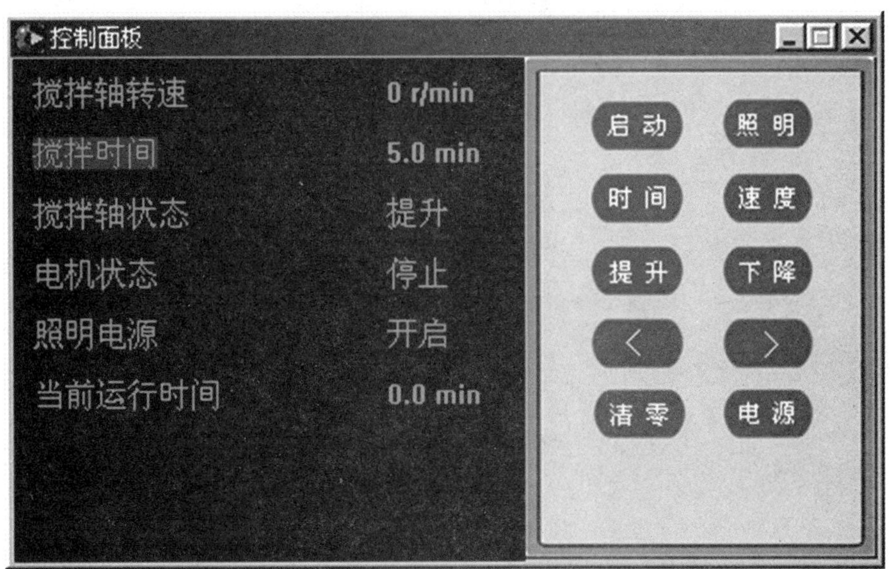

图 5-46

4. 速度设定

点击“速度”按钮，显示区的“搅拌轴转速”高亮显示，表示可以开始设置搅拌速度，如图 5-47 所示。

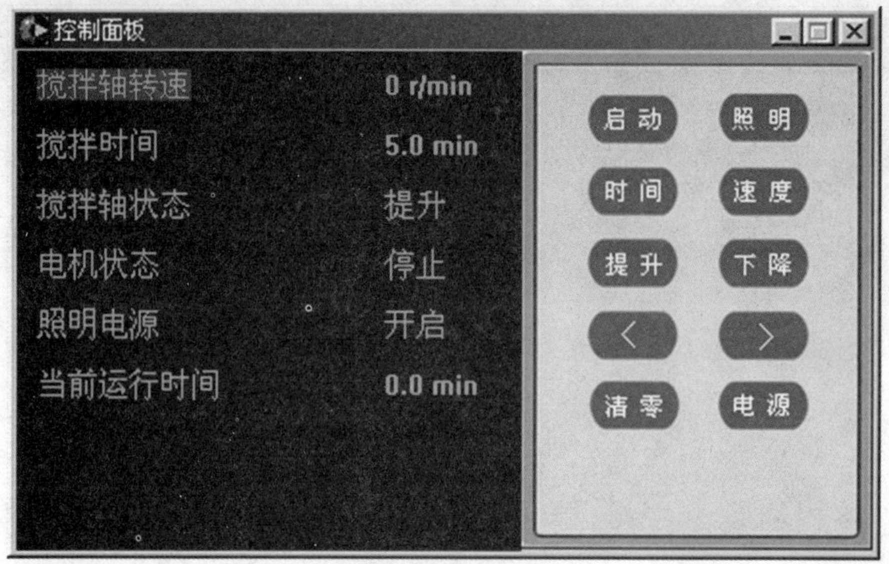

图 5-47

点击增加键和减少键可以增减设定的搅拌速度，如图 5-48 所示。

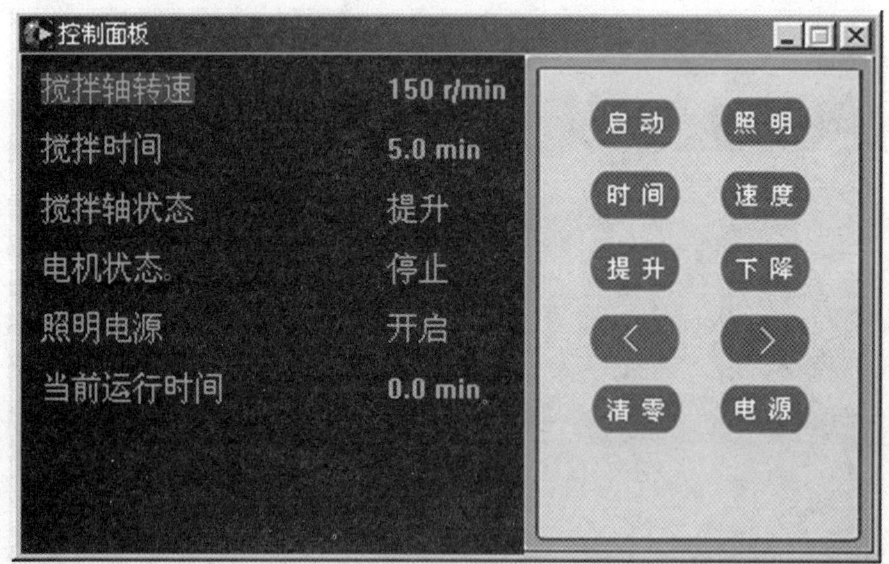

图 5-48

5. 开始搅拌

点击“下降”和“提升”按钮，可下降和提升搅拌轴，如图 5-49 所示。

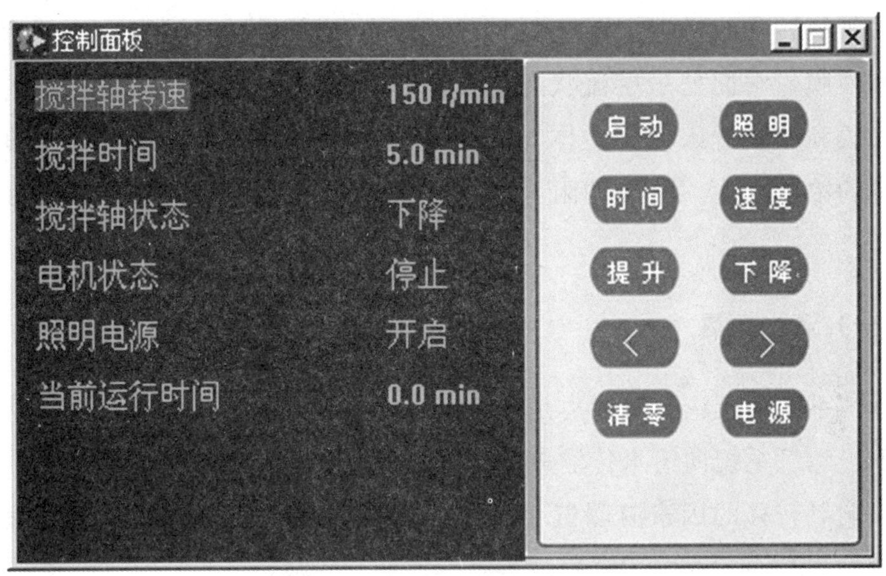

图 5-49

当时间、转速设定完毕，放下搅拌轴，即可点击“启动”按钮开始搅拌。

搅拌完毕，点击“清零”按钮，将当前运行时间清零。重复以上步骤，即可重新开始搅拌。

实验三 曝气充氧实验

一、实验目的

(1) 了解氧转移的机理及影响因素。

(2) 掌握曝气设备氧总转移系数 K_{La} 值的测定方法。

(3) 掌握非耗氧生物污水修正系数 α、β 的测定方法。

(4) 掌握评价曝气设备充氧性能指标的计算方法。

二、实验原理

活性污泥法是天然水体自净作用的强化和人工化。强化的手段是通过曝气来实现的，以达到曝气池中有足够的氧，保证活性污泥微生物生化作用所需氧量，并保持曝气池内微生物、有机物、溶解氧三者充分混合。

所谓曝气，就是人为地通过一些设备，加速向水中传递氧的过程。

关于氧转移的机理主要是双膜理论：在气液两相接触界面两侧存在着气膜和液膜，它们处于层流状态，气体分子从气相主体以分子扩散的方式经过气膜和液膜进入液相主体，氧转移的动力为气膜中的氧分压梯度和液膜中氧的浓度梯度，传递的阻力存在于气膜和液膜中，而且主要存在于液膜中。

（一）清水充氧

曝气系统的理论充氧能力是指 20℃、1.01×10^5 Pa、水中氧浓度为 0 的条件下，曝气系统向清水传输氧的速率。

影响氧转移的因素有曝气水水质、曝气水水温、氧分压、气液之间的接触面积和时间、水的紊流程度等。

氧转移的基本方程式为

$$\frac{\mathrm{d}C}{\mathrm{d}t}=K_{\mathrm{La}}(C_S-C) \tag{5-3-1}$$

$$K_{\mathrm{La}}=\frac{D_l A}{X_f V} \tag{5-3-2}$$

式中：$\frac{\mathrm{d}C}{\mathrm{d}t}$——液相主体中氧转移速度［mg/（L·min)］；C_S——液膜处饱和溶解氧浓度（mg/L）；C——液相主体中溶解氧浓度（mg/L）；K_{La}——氧总转移系数；D_l——氧分子在液膜中的扩散系数；A——气液两相接触界面面积（m^2）；X_f——液膜厚度（m）；V——曝气液体容积（L）。

由于液膜厚度 X_f 及两相接触界面面积很难确定，因而用氧总转移系数 K_{La} 值代替。K_{La} 值与温度、水紊动性、气液接触面面积等有关，它指的是在单位传质动力下，单位时间内向单位曝气液体中充入的氧量，是反映氧转移速度的重要指标。

将式（5－3－1）积分整理得到曝气设备氧总转移系数 K_{La} 值计算式，即

$$K_{\mathrm{La}}=\frac{2.303}{t}\ln\left[(C_S-C_O)/(C_S-C_T)\right] \tag{5-3-3}$$

式中：C_S——曝气筒内液体饱和溶解氧浓度；C_O——曝气初始时，曝气筒内溶解氧浓度（一般取 $T=0$ 时，$C_O=0$）；C_T——t 时刻曝气筒内溶液溶解氧浓度；t——曝气时间；K_{La}——氧总转移系数。

将式（5－3－3）整理得

$$\ln〔(C_S-C_O)/(C_S-C_T)〕=\frac{K_{La}\cdot t}{2.303} \quad (5-3-4)$$

由式（5－3－4）可见，以 $\ln(C_S-C_O)/(C_S-C_T)$ 为纵坐标、t 为横坐标，绘制直线，通过图解法求得直线斜率可以确定 K_{La} 值。

（二）不含耗氧微生物的污水充氧实验

曝气水的水质对氧转移的影响表现在以下两个方面：

（1）由于待曝气充氧的污水含有各种各样的杂质，它们会对氧的转移产生一定的影响，所以相对于清水，污水曝气充氧得到的氧转移系数 K'_{La} 会比清水的氧转移系数 K_{La} 值低，为此引入修正系数 α，则

$$\alpha=K'_{La}/K_{La}$$

（2）由于污水含有大量盐分，它会影响氧在水中的饱和度，相对于相同条件下的清水而言，污水中氧的饱和度 C'_S 要比清水中的饱和度 C_S 低，为此引入修正系数 β，则

$$\beta=C'_S/C_S$$

相应的氧转移方程式可表示为

$$dC/dt=K'_{La}(C'_S-C_T)$$

本实验采用间歇非稳态实验方法，即在实验过程中不进水也不出水，对清水和污水进行对照实验，求出清水的 K_{La}、C_S 和污水的 K'_{La}、C'_S 值，继而求出 α、β 值。

三、实验设备

曝气筒，空气压缩机，转子流量计，溶解氧浓度分析仪，如图 5－50 所示。

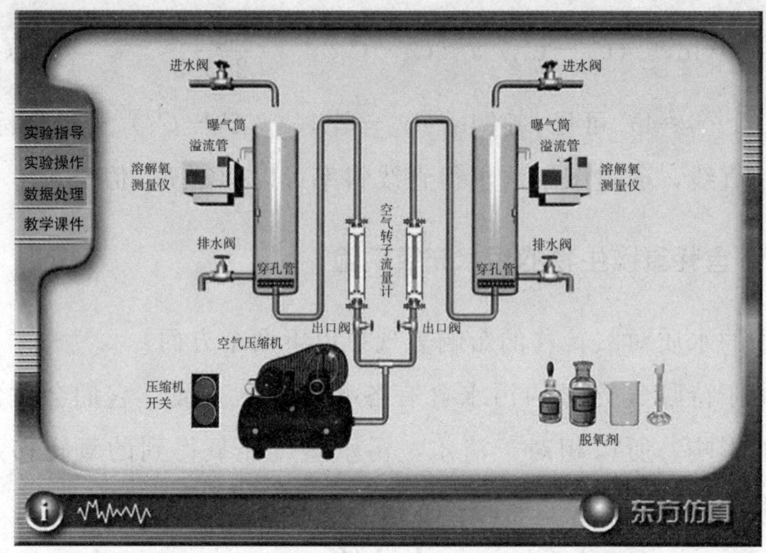

图 5－50

四、实验用试剂

（1）脱氧剂：无水亚硫酸钠。

（2）催化剂：氯化钴。

五、实验操作

（一）登录

进入实验后，会出现“请先登录”对话框，如图 5－51 所示。

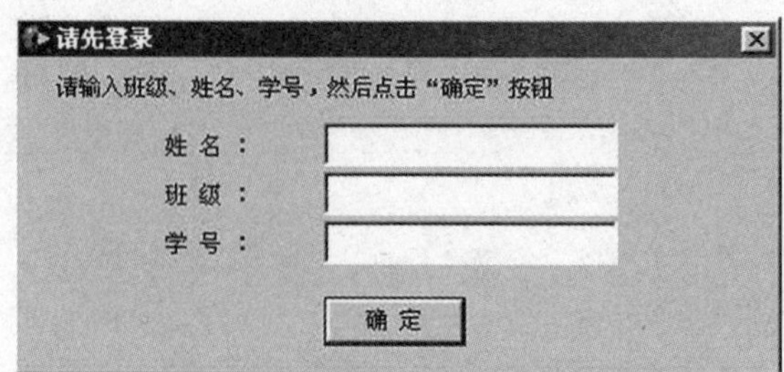

图 5－51

请认真填写班级、姓名、学号三项内容，这三项内容将被记录到实验报告文件当中。

（二）溶解氧浓度分析

溶解氧分析仪界面如图 5－52 所示。

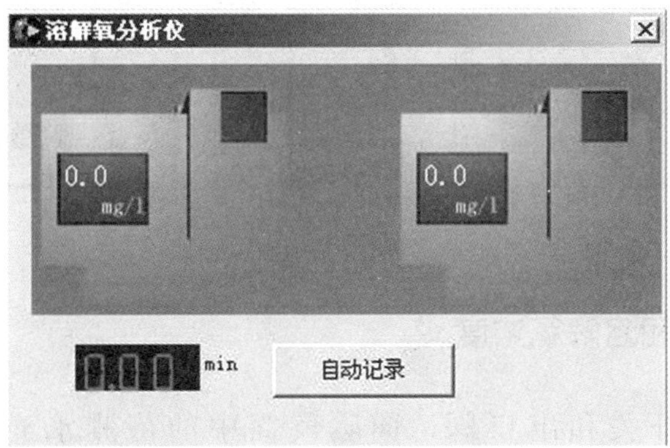

图 5－52

（三）添加脱氧剂

脱氧剂添加界面如图 5－53 所示。

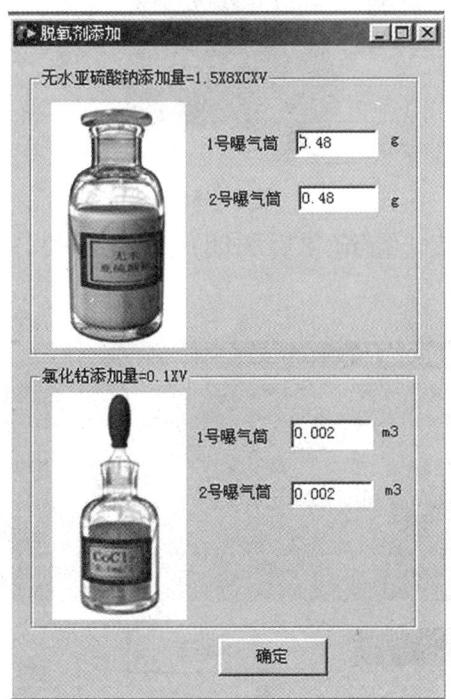

图 5－53

（四）注水

打开进水阀向曝气筒中注水至溢流管液位（图 5－54）。

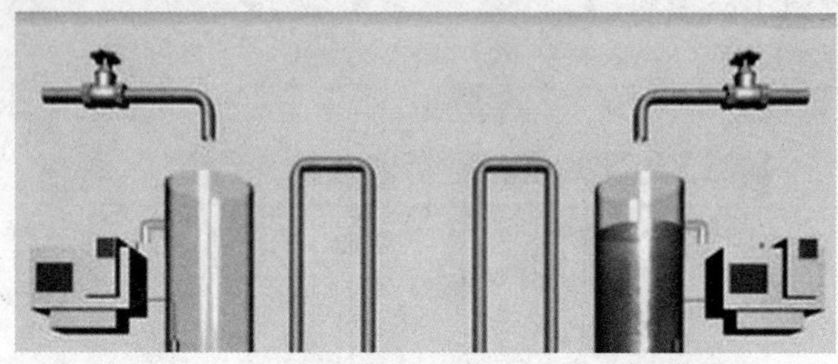

图 5－54

（五）测定饱和溶解氧浓度

打开压缩机开关和出口阀，向曝气筒中的待测水充氧，如图 5－55 所示。

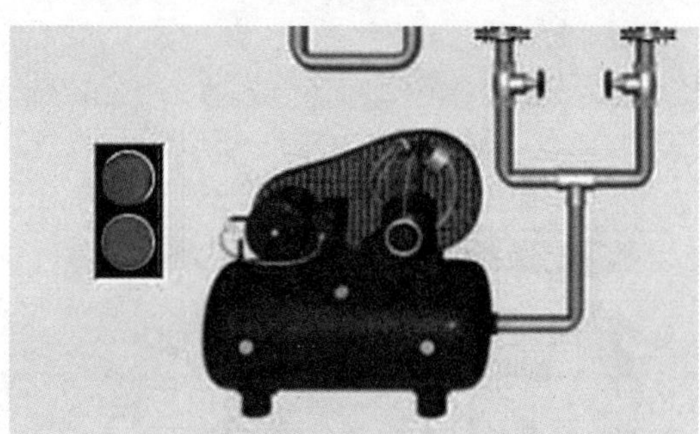

图 5－55

观察溶解氧分析仪，待饱和后关闭压缩机开关，并记录饱和溶解氧浓度，如图 5－56 所示。

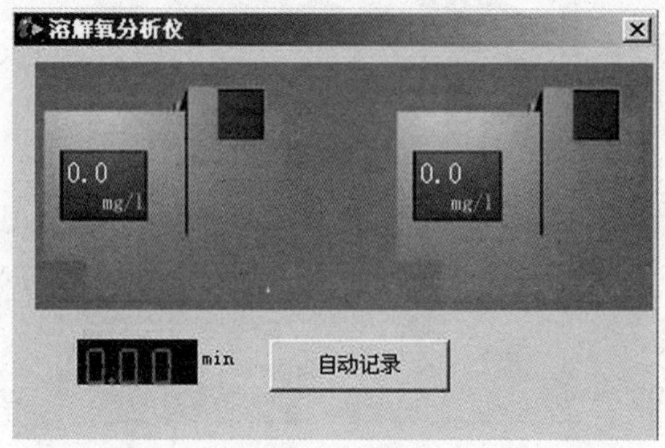

图 5－56

（六）计算加药量

点击“脱氧剂”图标（图 5 - 57），弹出“脱氧剂添加”画面（图 5 - 58）。

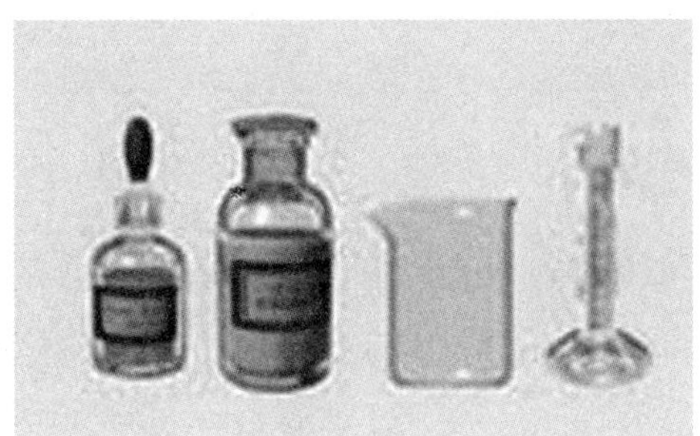

图 5 - 57

根据公式计算出所需的无水亚硫酸钠和氯化钴的添加量，并填入文本框中，点“确定”按钮确认。

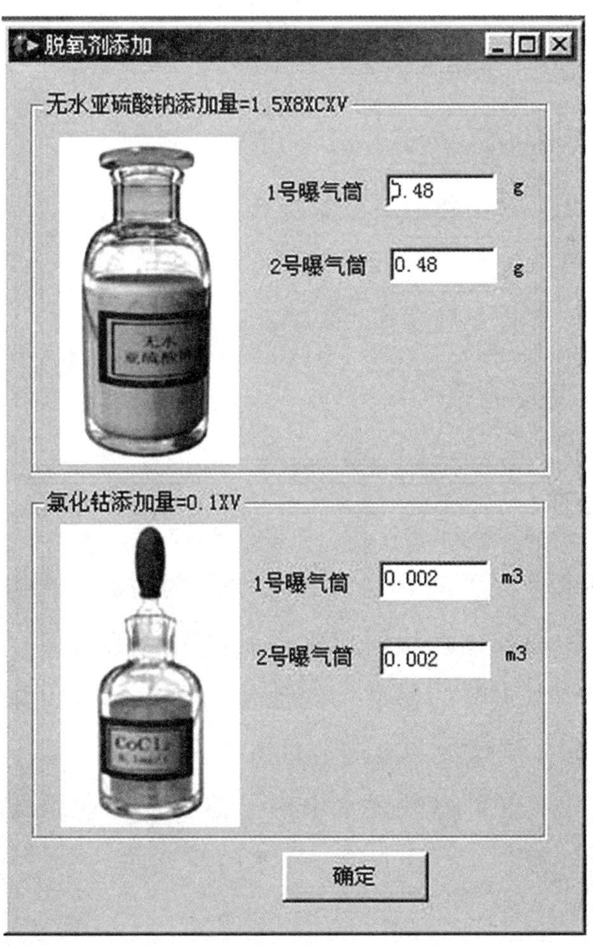

图 5 - 58

（七）脱氧过程

观察溶解氧浓度的变化，等到溶解氧浓度变为 0.00 mg/L 时，关闭窗口。

（八）充氧过程

打开压缩机开关，调节气量，开始向曝气筒中的待测水充氧，然后，打开“溶解氧分析仪”面板来观察溶解氧浓度的变化，分别记录 1，2，3，4，5，7，9，11，13，15 min 等时刻溶解氧的浓度。

实验四　过滤实验

一、实验目的

（1）了解滤料级配的方法。

（2）熟悉过滤实验设备的过滤、反冲洗过程。

（3）验证清洁砂层水头损失与滤速成正比。

（4）加深对过滤基本规律的理解。

二、实验原理及设备

（一）实验原理

在水处理技术中，过滤是通过具有空隙的粒状滤料层（如石英砂等）截留水中的悬浮物和胶体，从而使水得到澄清的工艺工程。滤池的形式多种多样，以石英砂为滤料的普通快滤池使用历史最久，并在此基础上发展出现了双层滤池、多层滤池和上向流过滤等。

过滤的作用，不仅可以截留水中的悬浮物，通过滤层还可以把水中的有机物、细菌乃至病毒等大量去除。净水的原理如下：

1. 阻力截留

当污水流过颗粒状滤料层时，粒径较大的悬浮物颗粒首先被截留在表层滤料的空隙中，随着此层滤料的空隙越来越小，截污能力也越来越大，逐渐形成一层主要由被截留的固体颗粒构成的滤膜，并由它起到重要的过滤作用，这种作用属于阻力截留或筛滤作用。悬浮物粒径越大，表层滤料和滤速越小，就越容易形成表层筛滤膜，滤膜的截污能力也越高。

2. 重力沉降

污水通过滤料层时，众多的滤料表面提供了巨大的沉降面积。重力沉降强度主要与滤料的直径及过滤速度有关，滤料小、沉降面积大、滤速小、水流平稳都有利于悬浮物的沉降。

3. 接触絮凝

由于滤料具有巨大的比表面积，它与悬浮物间有明显的物理吸附作用。此外，沙粒在水中常常带有表面负电荷，能吸附带正电荷的胶体，从而在滤料表面形成带正电荷的薄膜，并进而吸附带负电荷的黏土和多种有机物等胶体，在沙粒上发生接触絮凝。

在实际过滤过程当中，上述三种机理往往同时起作用，只是随着条件不同而有主次之分。对粒径较大的悬浮物颗粒，以阻力截流为主，因为这一过程主要发生在滤料的表面，通常称为表面过滤。对于细微的悬浮物，以发生在滤料深层的重力沉降和接触絮凝为主，称为深层过滤。

（二）滤料级配指标

在过滤当中，滤料起着核心的作用，因此为了取得良好的过滤效果，滤料应具有一定级配。滤料级配是指将不同粒径的滤料按一定的比例组合。滤料是带棱角的颗粒，不是规则的球体，所说的粒径是指把滤料颗粒包围在内的球体直径（这是一个假想直径）。在生产中，简单的筛分方法是用一套不同孔径的筛子筛分滤料试样，选取合适的级配。我国现行的规范是采用 0.5 mm 和 1.2 mm 孔径的筛子进行筛选，取其中段，这种方法虽然简单易行，却不能反映滤料粒径的均匀程度，因此还应该考虑级配的情况。

能反映级配状况的指标是通过筛分曲线求得的有效粒径 d_{10}、d_{80} 和不均匀系数 K_{80}。d_{10} 表示通过滤料重量 10%的孔径，它反映滤料中细颗粒的尺寸，即产生水头损失的“有效”部分尺寸；d_{80} 表示通过滤料重量 80%的孔径，它反映滤料中粗颗粒的尺寸；$K_{80}=d_{80}/d_{10}$。

K_{80}越大，表示粗细颗粒的尺寸相差越大，滤料粒径越不均匀，这样的滤料对过滤及反冲洗均不利。尤其是反冲洗的时候，为了满足滤料粗颗粒的膨胀要求，就会使细颗粒因为过大的反冲洗强度而被冲走；反之，若为了满足细颗粒不被冲走而减小冲洗强度，粗颗粒可能因为冲不起来而得不到充分的清洗。所以，滤料需要经过筛分以求得适宜的级配。

在研究过滤过程的有关问题时，常常涉及孔隙度的概念，其计算方法为

$$m=\frac{V_n}{V}$$

式中：m——滤料的孔隙度（%）；V_n——滤料层孔隙体积（m^3）；V——滤料层体积（m^3）。

滤层的水头损失，与滤料的孔隙度、过滤速度、水的性质诸多因素有关。一般认为，在其他条件一定的情况下，水头损失与过滤速度呈线性关系。

为了保证滤后的水质和过滤速率，当过滤一段时间后，需要对滤层进行反冲洗，使滤料层在短时间内恢复工作能力。反冲洗流量增大后，滤料层完全膨胀，处于流态化状态。根据滤料层膨胀前后的厚度就可求出膨胀度：

$$e=\frac{L-L_0}{L_0}\times 100\%$$

式中：L——砂层膨胀后的厚度（m）；L_0——砂层膨胀前的厚度（m）。

反冲洗强度的大小决定了滤料层的膨胀度，膨胀度的大小直接影响了反冲洗的效果。

（三）实验设备

实验的主要设备是一个耐压的有机玻璃桶（图 5－59），桶的底部是承托层，上面是石英砂滤料，滤料的上下两面分别有两个测压口，分别连接着倒 U 形压差计的两个测压管，用以测量滤层的水头损失。过滤所用的水由高处的溢流高位水槽提供，以保证恒定的压头。通过一个调节阀控制流量，用一个椭圆齿轮流量计准确方便地测定流量。通过阀 1、阀 2、阀 3、阀 4 的不同开关组合来实现过滤和反冲洗。

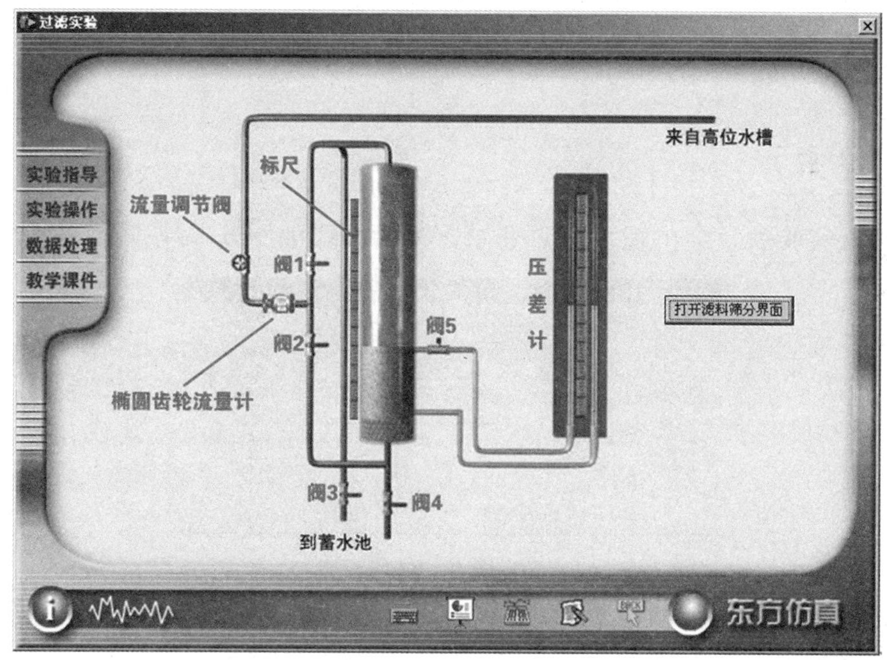

图 5－59

滤料桶规格：内径为 100 mm，堆积滤层厚度为 40 mm。

石英砂滤料规格：孔隙度为 0.4，平均粒径为 0.8 mm，型度系数为 0.8，密度为 2.7 g/cm^3。

滤料的筛分用孔径为 2.0～0.2 mm 的一组筛子过筛（图 5－60）。

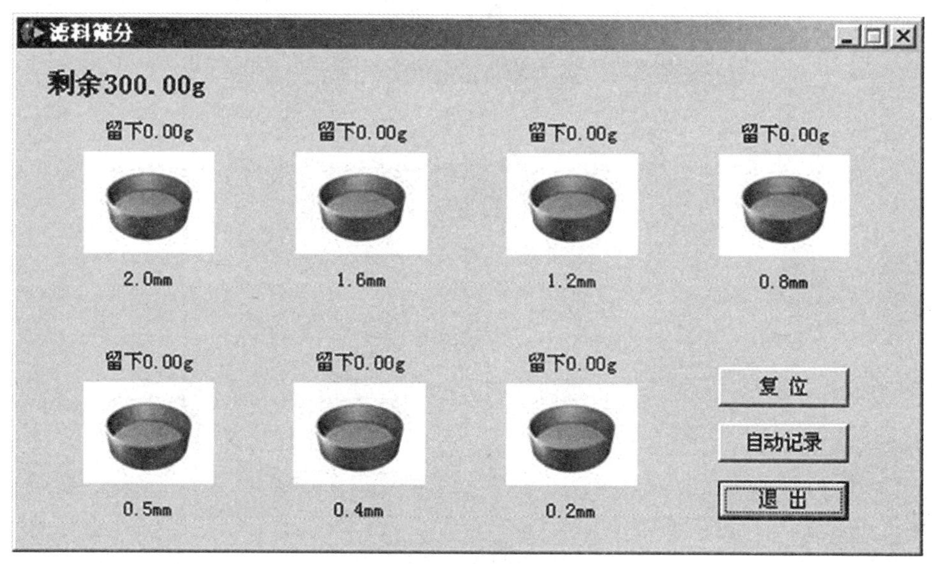

图 5－60

三、实验操作

（一）登录

进入实验后，会出现“请先登录”对话框，如图 5-61 所示。

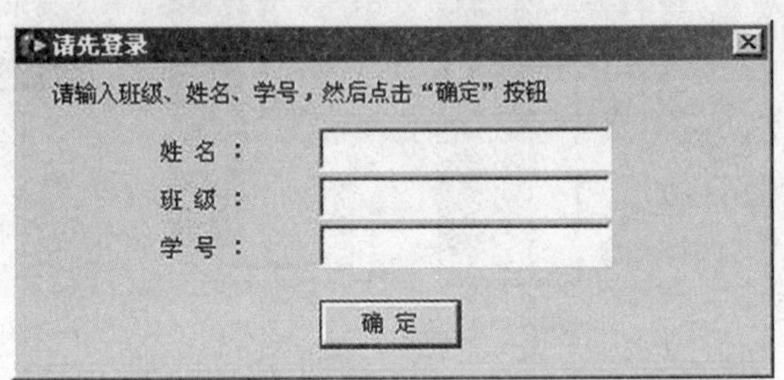

图 5-61

请认真填写班级、姓名、学号三项内容，这三项内容将被记录到实验报告文件当中。

（二）滤料筛分实验

点击实验主界面上的“打开滤料筛分界面”按钮，出现滤料“筛分”界面。此界面上有孔径为 2.0～0.2mm 的一组筛子，从大到小按顺序依次点击筛子，会出现滤料筛分动画（图 5-62）。

图 5-62

动画演示完成后，左上角会显示经过筛子的滤料重量，此筛子的上面将显示留在筛子上的滤料重量，图标也变为灰色不再响应点击，表示已经筛过，不可重复使用（因为筛过，再筛也没有作用了）。

在实验当中，如果发生错误操作导致筛分顺序错误，可以点击“复位”按钮恢复原始状态。都筛过之后，点击此界面上的“自动记录”按钮自动将实验数据写入实验报告（图 5－63），或者手动填入数据表格。

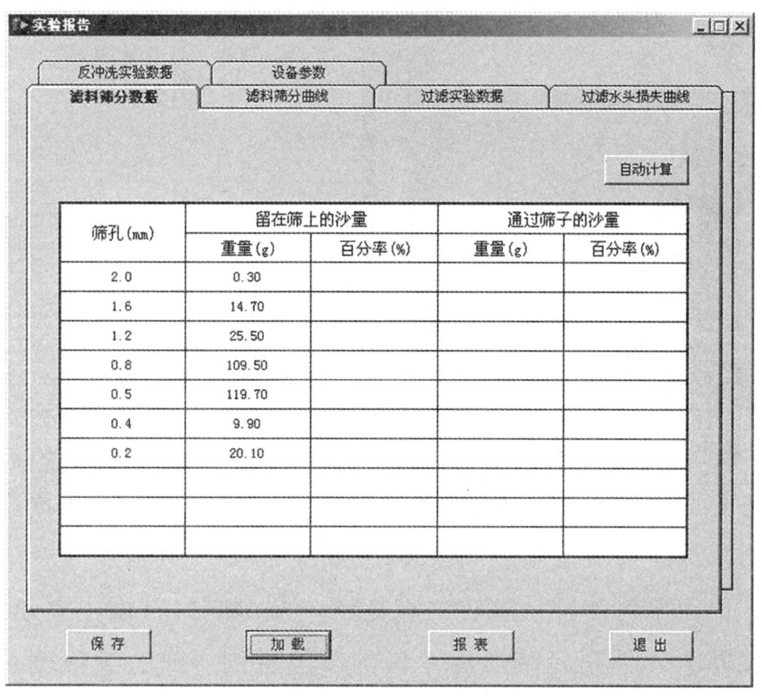

筛孔(mm)	留在筛上的沙量		通过筛子的沙量	
	重量(g)	百分率(%)	重量(g)	百分率(%)
2.0	0.30			
1.6	14.70			
1.2	25.50			
0.8	109.50			
0.5	119.70			
0.4	9.90			
0.2	20.10			

图 5－63

（三）过滤实验

在主界面上点击“阀 1”“阀 4”“阀 5”，即可看到阀门由关的状态到开的状态，同时由于打开了阀 5，压差计也开始工作，显示当前压差。

然后，点击主界面上的流量调节阀，打开流量调节窗口。

在阀门开度栏中填入需要的阀门开度（图 5－64），或者点击上、下两个按钮，增大或者减小开度，然后在阀门窗体上点击鼠标右键或者窗体右上角的关闭按钮关闭窗体（注意：用窗体右上角的关闭按钮关闭窗体时，在开度栏中填入需要的阀门开度将不被采用）。这时将有水通过滤层，会产生压头损失，待压差计水柱稳定后，点击“压差计”，出现放大的读数窗口（图 5－65），分别读取左右两边的水柱高度。

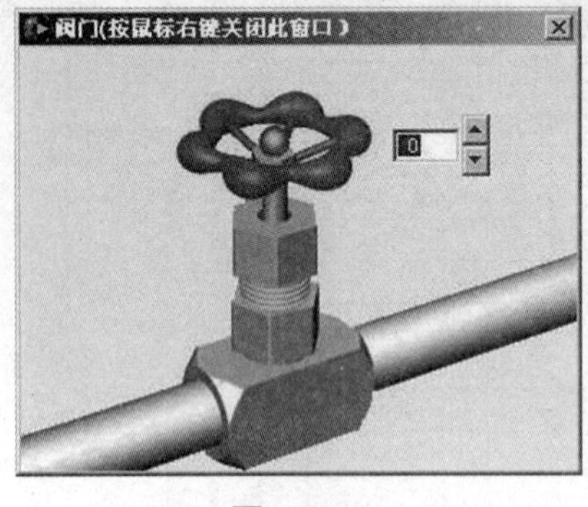

图 5-64

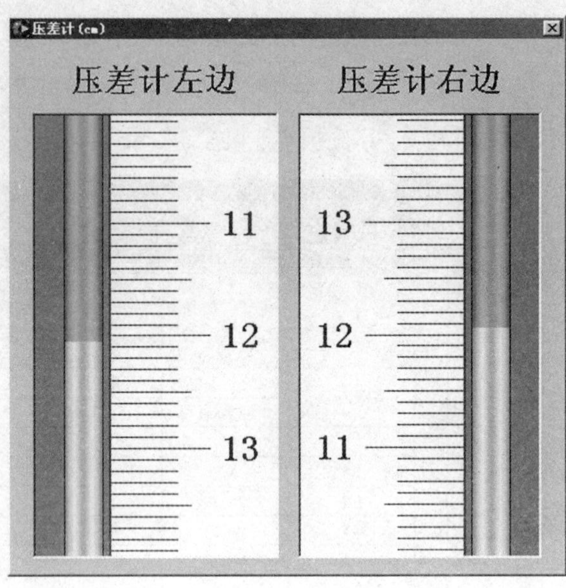

图 5-65

点击主界面下部的“自动记录”按钮自动记录数据，或者手动填入数据记录表格，然后改变流量，测量多组数据（图 5-66）。

注意：由于压差计有一定的测量范围，所以阀门开度不要超过 45°，而且不能突然开大，否则会破坏压差计的测量机制，失去正确测量能力。在实验中，如果压差过大，系统会自动关闭阀 5，保护压差计。

编 号	流量(ml/s)	滤速(m/s)	测压管左读数(cm)	测压管右读数(cm)
1	10.05		-13.56	13.56
2	20.11		-7.10	7.10
3	30.16		-0.65	0.65
4	40.21		5.80	-5.80
5	50.27		12.25	-12.25
6	60.32		18.70	-18.70
7	70.37		25.15	-25.15
8	80.42		31.60	-31.60
9	90.48		38.06	-38.06
10	100.53		44.51	-44.51

图 5-66

（四）反冲洗实验

关闭阀 1、阀 4、阀 5，打开阀 2、阀 3，进行反冲洗实验，点击主界面上的流量调节阀，打开流量调节窗口，在阀门开度栏中填入需要的阀门开度，或者点击上、下两个按钮增大或者减小开度，然后在阀门窗体上点击鼠标右键或者窗体右上角的关闭按钮关闭窗体（注意：用窗体右上角的关闭按钮关闭窗体时，在开度栏中填入需要的阀门开度将不被采用）。这时将有水通过滤层，会产生压头损失，待压差计水柱稳定后，点击主界面上的标尺，读取滤层的高度（图 5－67）。

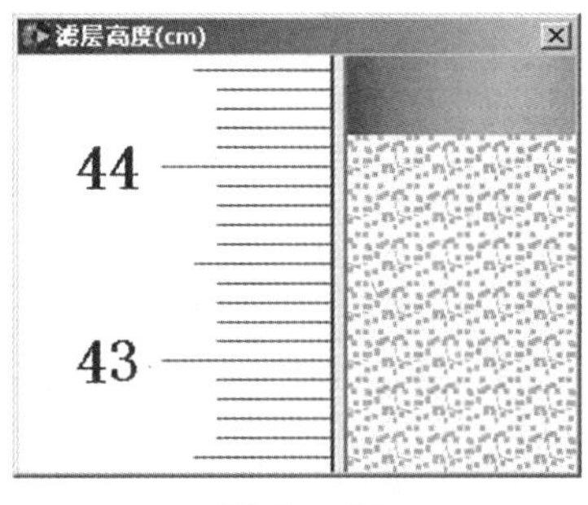

图 5－67

点击主界面下部的“自动记录”按钮自动记录数据，或者手动填入数据记录表格，然后改变流量，测量多组数据，直到滤层的厚度达到 80 cm（图 5－68）。

实验报告

滤料筛分数据　滤料筛分曲线　过滤实验数据　过滤水头损失曲线　反冲洗实验数据　设备参数

自动计算

编 号	反冲洗流量(ml/s)	冲洗强度(L/s*m²)	膨胀沙层厚度(cm)	沙层膨胀度(%)
1	62.83		41.60	
2	75.40		44.16	
3	87.96		46.72	
4	100.53		49.28	
5	125.66		54.40	
6	150.80		59.52	
7	175.93		64.64	
8	201.06		69.76	
9	226.19		74.88	
10	251.33		80.00	

保存　加载　报表　退出

图 5－68

（五）滤料筛分数据处理

打开“实验报告”，点击打开“滤料筛分数据”页，点击右上角的“自动计算”按钮，系统就会根据写入的数据自动计算出结果，并显示在表格内。计算完成后，到“滤料筛分曲线”页，点击右上角的“开始绘制”按钮，就可以根据前面的数据和计算结果画出“滤料筛分曲线”（图 5－69）。

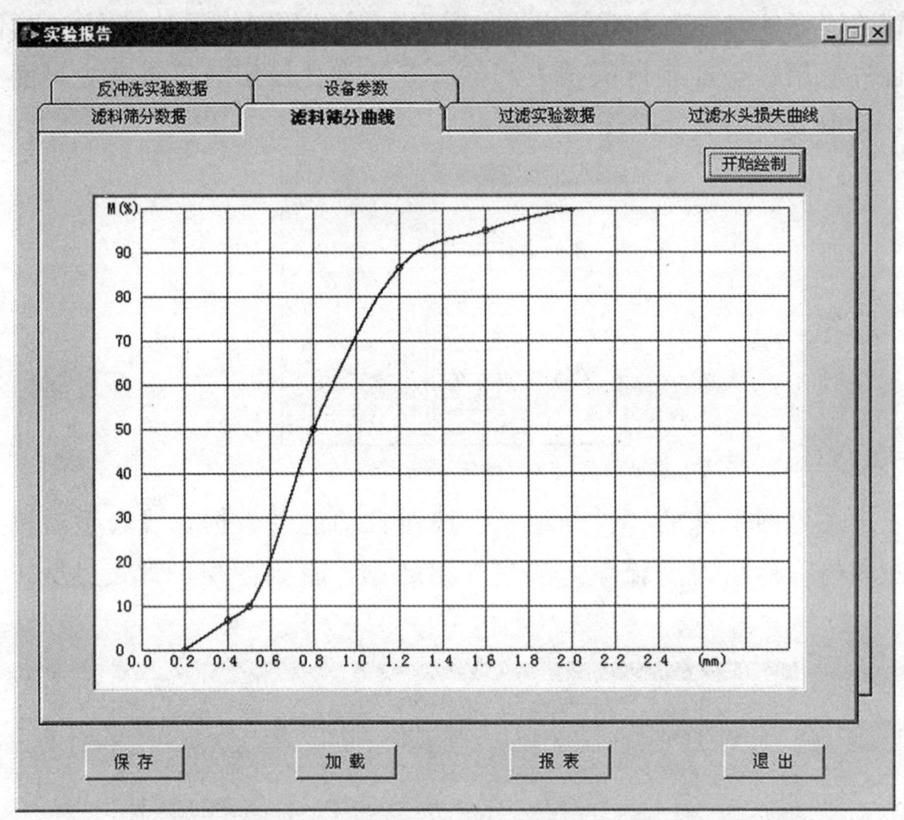

图 5－69

（六）过滤实验数据处理

打开“实验报告”，打开“过滤实验数据”页，点击右上角的“自动计算”按钮，系统就会根据写入的数据自动计算出结果，并显示在表格内。计算完成后，到“过滤水头损失曲线”页，点击右上角的“开始绘制”按钮，就可以根据前面的数据和计算结果画出“过滤水头损失曲线”（图 5－70）。

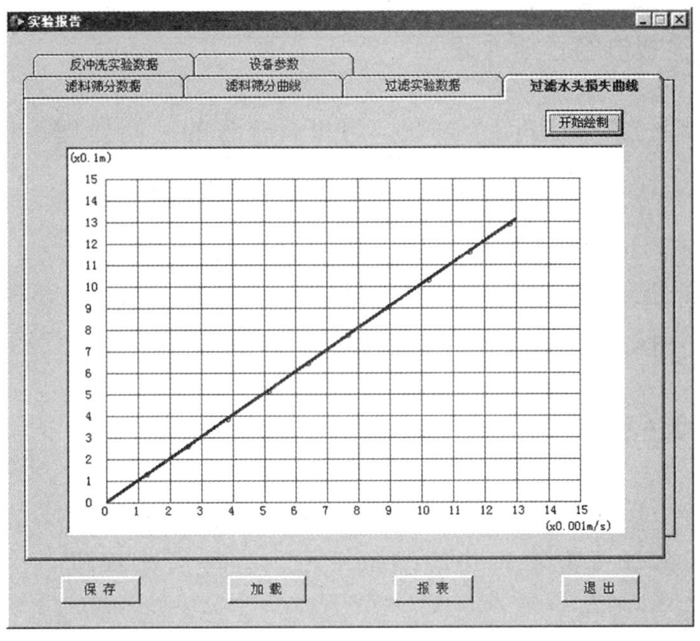

图 5－70

（七）反冲洗数据处理

打开“实验报告”，打开“反冲洗实验数据”页，点击右上角的“自动计算”按钮，系统就会根据写入的数据自动计算出结果，并显示在表格内（图 5－71）。

实验报告

滤料筛分数据　滤料筛分曲线　过滤实验数据　过滤水头损失曲线

反冲洗实验数据　设备参数

自动计算

编 号	反冲洗流量(ml/s)	冲洗强度(L/s*m²)	膨胀沙层厚度(cm)	沙层膨胀度(%)
1	62.83	8.00	41.60	4.00
2	75.40	9.60	44.16	10.40
3	87.96	11.20	46.72	16.80
4	100.53	12.80	49.28	23.20
5	125.66	16.00	54.40	36.00
6	150.80	19.20	59.52	48.80
7	175.93	22.40	64.64	61.60
8	201.06	25.60	69.76	74.40
9	226.19	28.80	74.88	87.20
10	251.33	32.00	80.00	100.00

保存　加载　报表　退出

图 5－71

（八）实验报告的后期处理

窗口的最下面一排有四个按钮，可进行报告的后期处理。

保存：把当前的实验数据保存到一个数据文件当中。

加载：从一个数据文件当中读取实验数据。

报表：根据实验数据生成可打印的实验报表。

退出：关闭实验报告窗口。

四、实验注意事项

（1）水由高位溢流水槽提供，有效地保证了压头的稳定。目前由于资金的因素，很多学校都不再建造高位水槽，直接由泵提供，在数据的稳定性上会有损失。

（2）传统上流量由转子流量计测得，本实验装置改用先进的数字显示椭圆齿轮流量计，可以更稳定、更直接地测得数据。

（3）有些资料介绍的压头测量方法是采用直管的流量计，这种流量计如果压差很大，就要求直管高度很高，另一方面，如果压差变化剧烈，很有可能冲出直管上口。所以，本装置改用倒 U 形压差计。

（4）本实验并未考虑 U 形压差计中空气段的压缩。

实验五　气浮实验

一、实验目的

（1）进一步理解气浮净水的原理。

（2）了解和掌握气浮净水方法的工艺流程。

（3）掌握重要设计参数“气固比”的测定方法及“气固比”对气浮净水效果的影响。

二、实验原理及设备

（一）实验原理

在水污染控制工程中，固液分离是一种很重要的水质净化单元过程。气浮法是进行固液分离的一种方法，常被用来分离密度小于或接近于1、难以用重力自然沉降法去除的悬浮颗粒。例如，从天然水中去除藻、细小的胶体杂质，从工业污水中分离短纤维、石油微滴等，有时还用以去除溶解性污染物如表面活性物质、放射性物质等。

气浮净水就是使空气以微小气泡的形式出现于水中，并且自下而上地向水面移动，在上升过程当中，这些微小气泡与水中的污染物接触，把污染物质附于气泡上（或者气泡附于污染物上），形成比重小于水的气水结合物浮升到水面，从而达到净水的目的。

气浮法按照水中气泡产生的方法可以分为布气气浮、溶气气浮和电气气浮几种，目前应用最多的是加压溶气气浮法。加压溶气气浮法就是使空气在一定的压力下溶解在水中，达到饱和状态，然后使加压水的表面减到常压状态，此时溶解在水中的空气就以微小气泡的形式从水中逸出，这样就提供了气浮法必需的微小气泡。加压溶气气浮法又可分为全部加压溶气气浮、部分加压溶气气浮和部分回流加压溶气气浮三种，目前生产中应用最多的是部分回流加压溶气气浮法。

影响加压溶气气浮效果的因素很多，如空气在水中的溶解度，气泡直径的大小，气浮时间，水质，药剂种类，加药量，表面活性物质的种类、数量等等。因此，采用气浮法进行水处理时，经常需要通过实验确定一些设计、运行参数。

“气固比”是设计气浮系统时经常使用的一个重要基本参数，它是空气量与固体量的比值，无量纲，表示为

$$\frac{A}{S}=\frac{1.3S_a\,(fP-1)\,Q_r}{QS_i}$$

式中：A/S——气固比；S_i——入流中的固体悬浮物浓度（mg/L）；Q_r——加压水流量；Q——污水流量；S_a——空气的溶解度；f——溶解度系数，

通常取 0.5；P——绝对压力与大气压的比值，$P=\frac{p+101.325}{101\ 325}$，其中 p 为表压（kPa）。

（二）实验设备

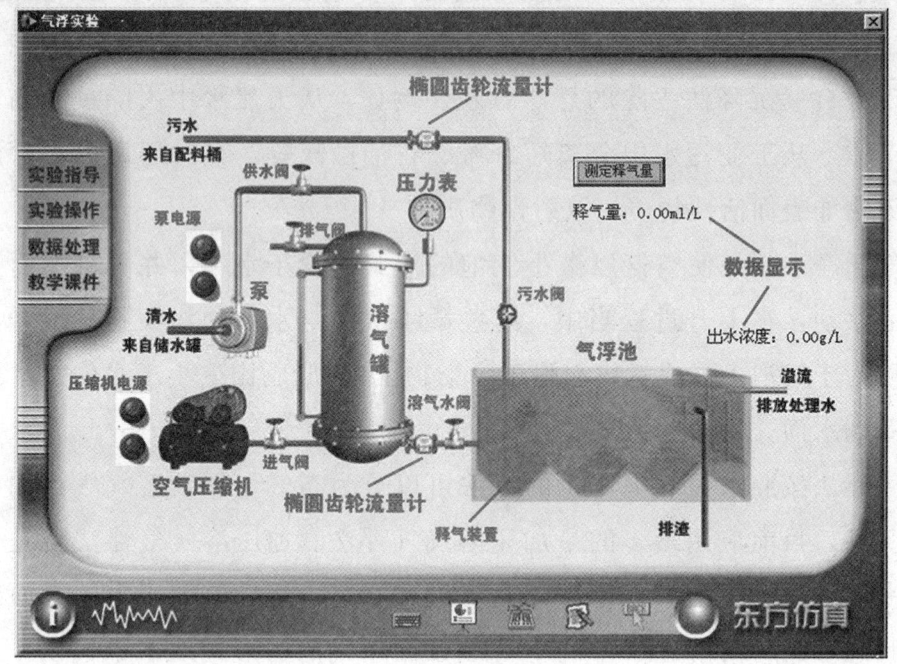

图 5－72

实验设备主要由污水配料桶、储水罐、泵、空气压缩机、溶气罐、气浮池等组成，还有测定流量的高精度椭圆齿轮流量计、压力表、测定释气量的装置、在线测定污水浓度的装置等等。

空气压缩机将空气打入溶气罐，维持一定的压力，泵将清水打入溶气罐，在高压下空气溶解在水中进入气浮池，与来自污水配料桶的配制好的污水发生气浮作用，残渣污物排入下水道，溢流的清水回到储水罐。

重要的计算参数：环境温度为 20℃，空气容重为 1.3 mg/mL，空气溶解度为 18.7 mL/L，溶气罐高度为 2 m，溶气罐直径为 0.3 m，污水浓度为 2 g/L。

三、实验操作

（一）登录

进入实验后，会出现“请先登录”对话框，如图 5－73 所示。

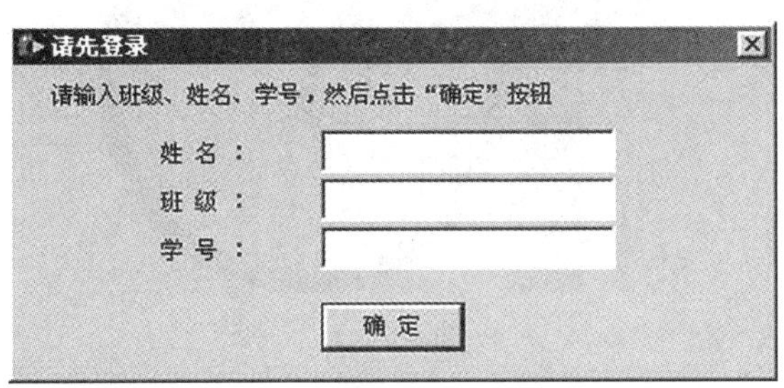

图 5－73

请认真填写班级、姓名、学号三项内容，这三项内容将被记录到实验报告文件当中。

（二）控制压力

点击空气压缩机右侧的压缩机电源开关的绿色按钮，绿色按钮亮（图 5－74），表示电源接通，压缩机被启动。打开压缩机到溶气罐之间的进气阀到一定开度，使压缩空气进入溶气罐。

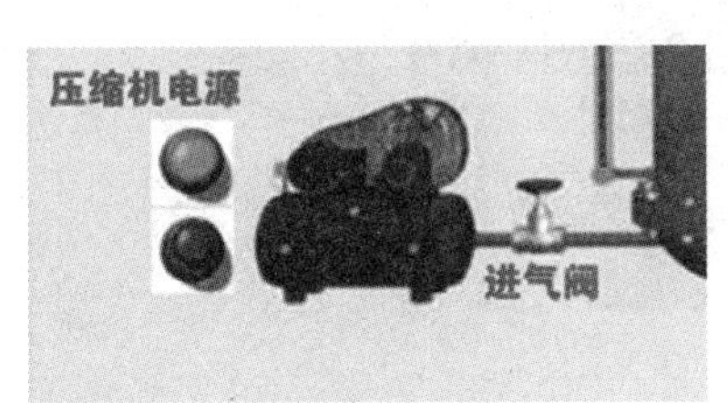

图 5－74

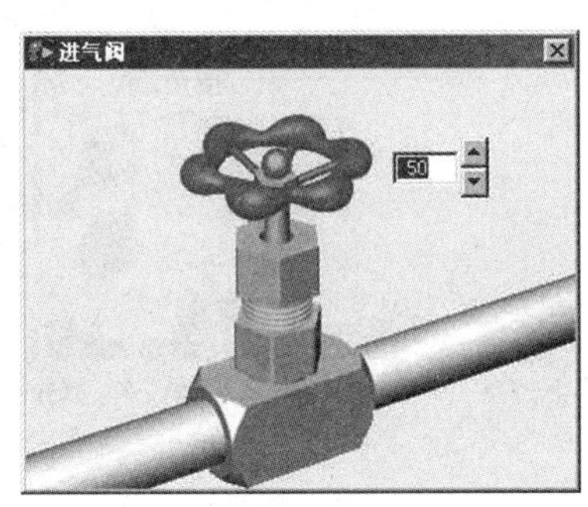

图 5－75

在阀门开度栏中填入需要的阀门开度（图 5－75），或者点击上、下两个按钮增大或者减小开度，然后在“进气阀”窗体上点击鼠标右键或者窗体右上角的关闭按钮关闭窗体（注意：用窗体右上角的关闭按钮关闭窗体时，在开度栏中填入阀门开度将不被采用）。

调整进气阀和溶气罐上部排气阀的开度，使溶气罐内的压力维持在一个固定的数值（图 5－76）。点击溶气罐上部的压力表，出现压力表放大窗口，可以读取压力数值。

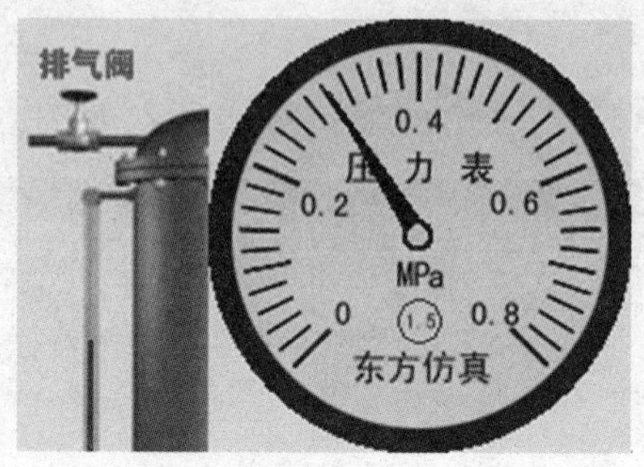

图 5－76

建议的实验条件：进气阀开度为 50，排气阀开度为 50，溶气罐压力为 0.3 MPa。

（三）进水、溶气

调整好溶气罐的压力后，点击空气压缩机右侧的泵电源开关的绿色按钮（图 5－77），绿色按钮亮，表示电源接通，泵被启动。打开泵到溶气罐之间的进气阀到一定开度，使未经溶气的清水进入溶气罐。

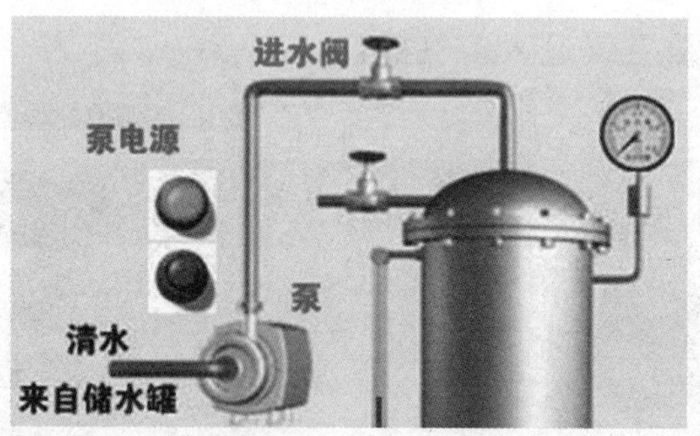

图 5－77

打开溶气罐到气浮池之间的加压水阀，使溶气罐内的溶气水进入气浮池，以保证溶气罐内的液位稳定，也保证了压力的稳定。

在阀门开度栏中填入需要的阀门开度（图 5－78），或者点击上、下两个按钮增大或者减小开度，然后在“溶气水阀”窗体上点击鼠标右键或者窗体右上角的关闭按钮关闭窗体（注意：用窗体右上角的关闭按钮关闭窗体时，在开度栏中填入阀门开度将不被采用）。

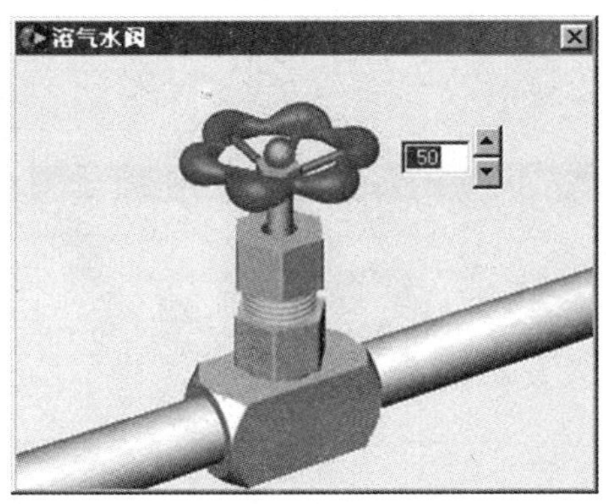

图 5－78

经过一段时间之后，罐内的溶气基本平衡。为了确定是否平衡，可以点击主界面右上方的“测定释气量”按钮，会出现“释气量测定演示”动画（图 5－79）。

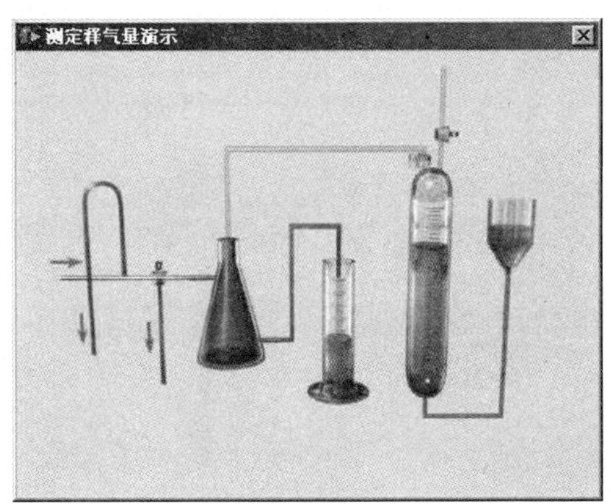

图 5－79

动画演示过后，在“测定释气量”按钮下面的数据显示区会显示测得的释气量，多测几次，如果前后两次基本不变，表示溶气已经达到平衡。

建议的实验条件：进水开度为 50，溶气水阀开度为 50。

注意：到此步，溶气部分设备已经调整好，以后不要再改变，保持稳定。

（四）气浮净水

开始气浮净水前，请确定已经调整好容器部分的设备，否则请执行前面的步骤。

当溶气达到平衡以后，打开污水阀（图 5－80），使配制好的污水进入气浮池，开始气浮净水。

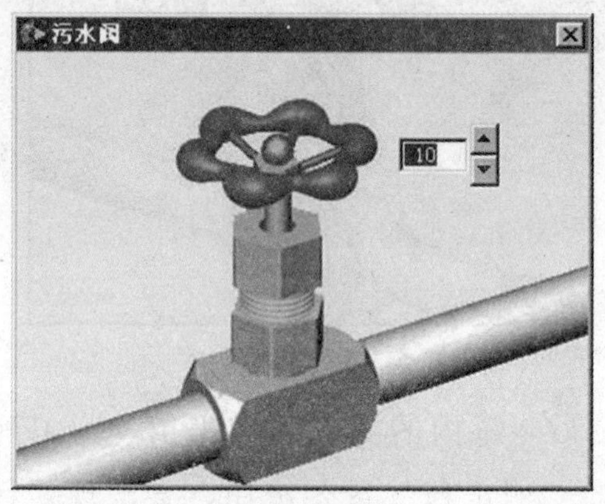

图 5－80

同时，气浮池右上方的数据显示区会显示出水的浓度（图 5－81）。

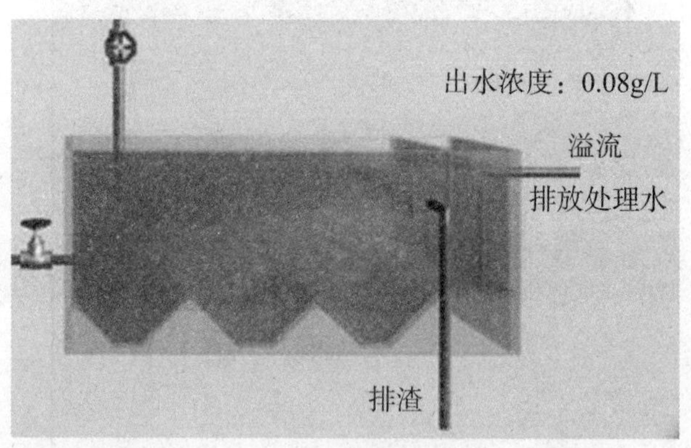

图 5－81

待出水浓度稳定后，分别读取溶气罐压力、释气量、溶气水流量、污水容量、出水浓度，点击“自动记录”按钮或者手动填入数据记录表格（图 5－82）。

然后改变加压水流量和污水流量之比，分别测定比值为 0.1，0.2，0.3，0.4，0.5，0.6，0.7，0.8，0.9，1.0 时的数据。

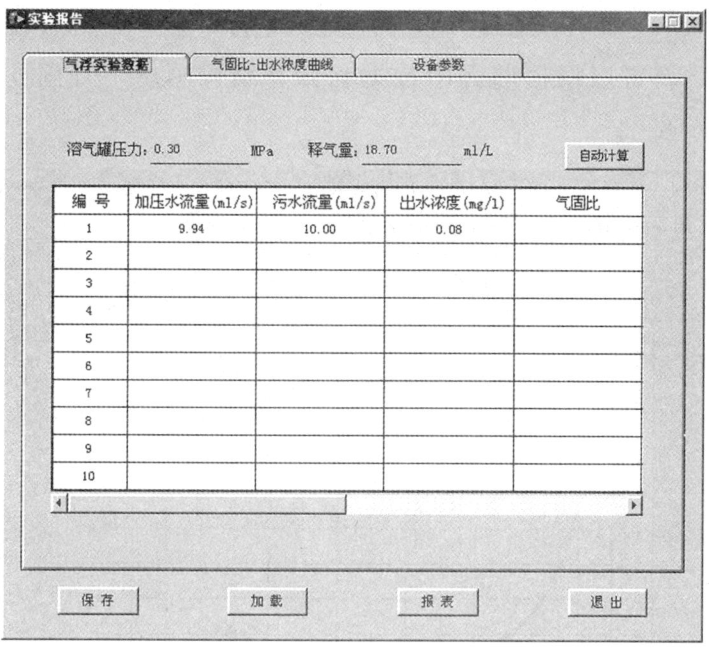

图 5－82

（五）数据处理

测定完数据之后，打开“实验报告”窗体，点击打开“气浮实验数据”页，点击右上角的“自动计算”按钮，系统就会根据写入的数据自动计算出结果，并显示在表格内（图 5－83）。

实验报告

气浮实验数据 | 气固比-出水浓度曲线 | 设备参数

溶气罐压力：0.30 MPa　释气量：16.80 ml/L　自动计算

编 号	加压水流量(ml/s)	污水流量(ml/s)	出水浓度(mg/l)	气固比
1	10.00	100.00	1.00	0.0012
2	10.00	90.00	0.90	0.0014
3	10.00	80.00	0.80	0.0015
4	10.00	70.00	0.70	0.0017
5	10.00	60.00	0.60	0.0020
6	10.00	50.00	0.50	0.0024
7	10.00	40.00	0.40	0.0030
8	10.00	30.00	0.30	0.0041
9	10.00	20.00	0.20	0.0061
10	10.00	10.00	0.10	0.0122

保 存　加 载　报 表　退 出

图 5－83

计算完成后，到“气固比－出水浓度曲线”页，点击右上角的“开始绘制”按钮，就可以根据前面的数据和计算结果画出“气固比－出水浓度曲线”（图 5－84）。

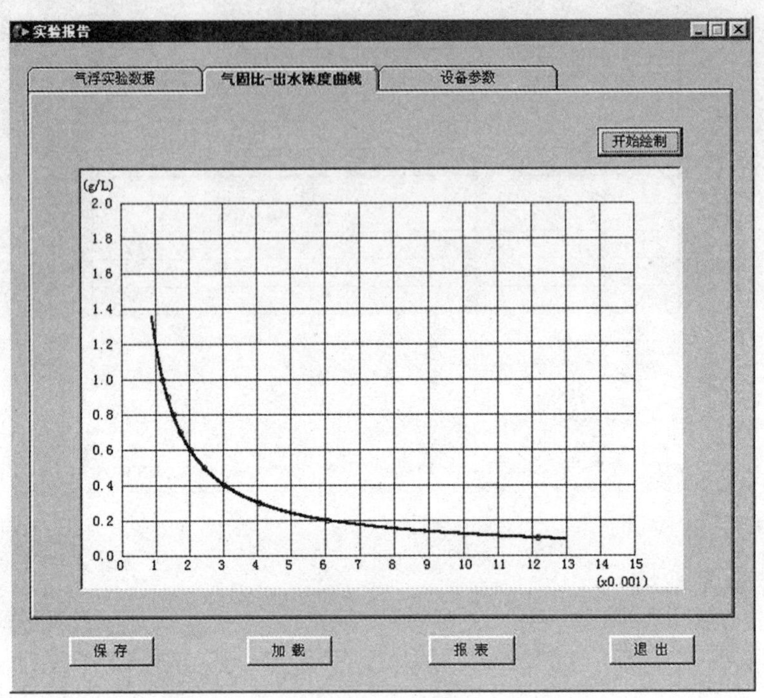

图 5－84

（六）实验报告的后期处理

窗口的最下面一排有四个按钮，可进行相应数据处理。

保存：把当前的实验数据保存到一个数据文件当中。

加载：从一个数据文件当中读取实验数据。

报表：根据实验数据生成可打印的实验报表。

退出：关闭实验报告窗口。

四、实验注意事项

（1）在本实验中，为了必要的简化，去掉了固体悬浮物浓度的测量。原始污水在配料桶内配制好，浓度已知且恒定，处理后的污水浓度由在线仪器测得，直接显示在主界面上。

（2）传统上流量由转子流量计测得，而本实验装置中改用先进的数字显示椭圆齿轮流量计，可以更稳定、更直接地测得数据。

(3) 目前关于气浮实验有很多种实验流程，本实验采用固定溶气水的流量，改变污水的流量，从而达到改变气固比的目的。

(4) 由于溶气过程很复杂，所以建议实验溶气部分的设备参数：进气阀开度为50，排气阀开度为50，溶气罐压力为0.3 MPa，进水阀开度为50，溶气水阀开度为50。在实验中不要改变溶气部分的参数。

实验六 活性污泥实验

一、实验目的

(1) 观察完全混合活性污泥处理系统的运行，掌握活性污泥处理法中控制参数（如污泥负荷、泥龄、溶解氧浓度）对系统的影响。

(2) 加深对活性污泥生化反应动力学基本概念的理解。

(3) 掌握生化反应动力学系数 K、K_s、V_{max}、Y、K_d、a、b 等的测定。

二、实验原理

活性污泥好氧生物处理是指在有氧参与的条件下，用微生物降解污水中的有机物。整个过程包括微生物的生长、有机底物降解和氧的消耗。整个过程变化规律正是活性污泥生化反应动力学研究的内容，活性污泥生化反应动力学内容包括：底物的降解速度与有机底物浓度、活性污泥微生物量之间的关系，活性污泥微生物的增殖速度与有机底物浓度、活性污泥微生物量之间的关系，有机底物降解与氧需量之间的关系。

(一) 底物降解动力学方程

Monod 方程为

$$-\frac{\mathrm{d}S}{\mathrm{d}t}=V_{max}\frac{S}{K_s+S} \qquad (5-6-1)$$

式中：V_{max}——有机底物最大比降解速度；K_s——饱和常数。

在稳定条件下，对完全混合活性污泥系统中的有机底物进行物料平衡：

$$S_oQ+RQS_e-(Q+RQ)S_e+V\frac{\mathrm{d}S}{\mathrm{d}t}=0 \qquad (5-6-2)$$

整理后，得

$$\frac{Q\ (S_o-S_e)}{V}=-\frac{\mathrm{d}S}{\mathrm{d}t} \qquad (5-6-3)$$

于是有

$$\frac{Q\ (S_o-S_e)}{XV}=\frac{S_o-S_e}{Xt}=V_{\max}\frac{S}{K_s+S} \qquad (5-6-4)$$

而$\frac{Q\ (S_o-S_e)}{XV}=\frac{S_o-S_e}{Xt}=F/M$，$F/M$ 为污泥负荷。

完全混合曝气池中 $S=S_e$，所以式（5-6-4）整理后可得

$$\frac{Xt}{S_o-S_e}=\frac{K_s}{V_{\max}}\frac{1}{S_e}+\frac{1}{V_{\max}} \qquad (5-6-5)$$

式（5-6-5）为一条直线方程，以$\frac{1}{S_e}$为横坐标，以$\frac{Xt}{S_o-S_e}$为纵坐标，直线的斜率为$\frac{K_s}{V_{\max}}$，截距为$\frac{1}{V_{\max}}$，可分别求得 $V_{\max}$、K_s。

又因为在低底物浓度条件下，$S_e \ll K_s$，所以有

$$-\frac{\mathrm{d}S}{\mathrm{d}t}=V_{\max}\frac{S_e}{K_s+S_e}=V_{\max}\frac{S_e}{K_s}=KS_e \qquad (5-6-6)$$

即

$$\frac{S_o-S_e}{Xt}=KS_e \qquad (5-6-7)$$

以 S_e 为横坐标，以$\frac{S_o-S_e}{Xt}$（污泥负荷）为纵坐标，可求得直线斜率 K。

（二）活性污泥微生物增殖动力学方程

活性污泥微生物增殖的基本方程式为

$$\frac{\mathrm{d}X}{\mathrm{d}t}=Y\frac{\mathrm{d}S}{\mathrm{d}t}-K_dX_v \qquad (5-6-8)$$

式中：Y——活性污泥微生物产率系数；K_d——活性污泥微生物的自身氧化率；X_v——混合液挥发性悬浮固体浓度（MLVSS）。

活性污泥微生物每日在曝气池内的净增殖量为

$$\Delta X=Y(S_o-S_e)Q-K_dVX_v \qquad (5-6-9)$$

将上式各项除以 X_vV，得

$$\frac{\Delta X}{X_vV}=Y\frac{Q(S_o-S_e)}{X_vV}-K_d \qquad (5-6-10)$$

而 $\frac{Q(S_o-S_e)}{X_vV}=F/M_r$

式中：F/M_r——污泥去除负荷。

以$\dfrac{\Delta X}{X_v V}$为纵轴、以$\dfrac{Q\ (S_o - S_e)}{X_v V}$（污泥去除负荷）为横轴的坐标系中，直线斜率为 Y 值，K_d 为纵轴截距。

（三）有机底物降解与氧需方程

在曝气池内，活性污泥微生物对有机物氧化分解过程和其本身在内源代谢的自身氧化过程都是耗氧过程，这两部分氧化过程所需要的氧量由下式求定：

$$O_2 = aQ\ (S_o - S_e)\ + bVX_v \tag{5-6-11}$$

式中：O_2——混合液需氧量；a——活性污泥微生物对有机污染物氧化分解过程的需氧率；b——活性污泥微生物通过内源代谢的自身氧化过程的需氧率。

式（5－6－11）变形为

$$\frac{O_2}{VX_v} = a\,\frac{Q\ (S_o - S_e)}{VX_v} + b \tag{5-6-12}$$

以$\dfrac{Q\ (S_o - S_e)}{VX_v}$（污泥去除负荷）为横坐标、$\dfrac{O_2}{VX_v}$为纵坐标，可求得 a、b 值。

三、实验设备

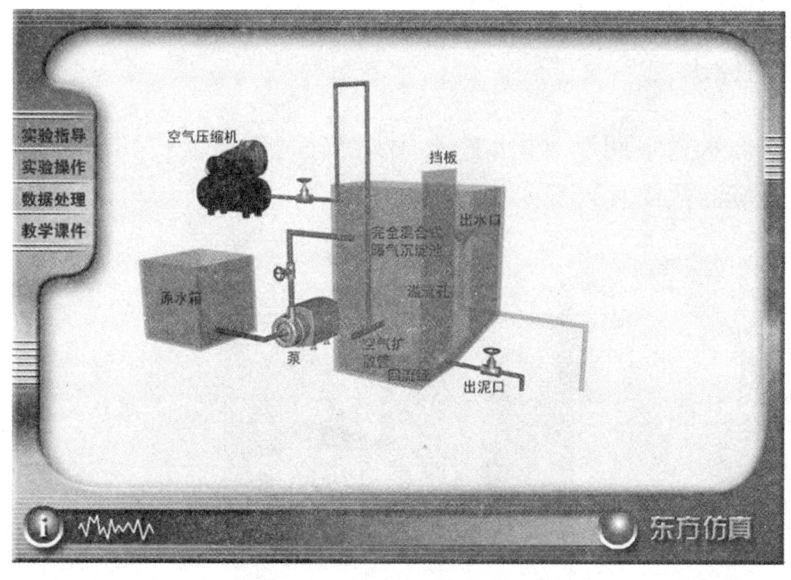

图 5－85

带有挡板的完全混合式曝气沉淀池，空气压缩机，原水箱，泵，空气扩散管，如图 5－85 所示。

四、实验操作

（一）登录

进入实验后，会出现“请先登录”对话框，如图 5－86 所示。

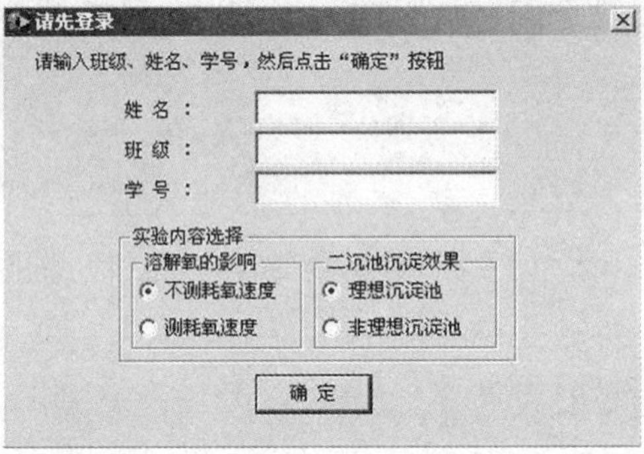

请先登录

请输入班级、姓名、学号，然后点击“确定”按钮

姓名：

班级：

学号：

实验内容选择

溶解氧的影响

不测耗氧速度

测耗氧速度

二沉池沉淀效果

理想沉淀池

非理想沉淀池

确定

图 5－86

请认真填写班级、姓名、学号三项内容，这三项内容将被记录到实验报告文件当中。

同时还可以选择实验内容。选“不测耗氧速度”，则实验过程中溶解氧浓度稳定在 2.0 mg/L，且不需要调节压缩机调节阀来适应活性污泥微生物变化引起的需氧量的变化，减少实验操作，简化实验内容。

（二）进原水

打开“原水进水阀”，弹出进水阀调节面板（图 5－87），调节阀的开度，向曝气沉淀池中注入原水。

图 5－87

（三）污泥接种

点"污泥接种"图，向曝气池中接入培养好的污泥（图 5－88）。

图 5－88

图 5－89

（四）曝气

点击"压缩空气调节阀"，并调整阀门开度，向曝气池中输入氧气（图 5－89）。

（五）污泥回流

点击"回流挡板高度调节"的上下按钮（图 5－90），调节挡板高度，使沉淀池中的污泥回流到曝气池，以保持实验过程中曝气池的活性污泥微生物浓度（MLSS）稳定（1 300～3 000 mg/L）。

图 5－90

图 5－91

（六）排放剩余污泥

点击"剩余污泥排放阀"（图 5－91），调节阀门开度，以调整泥龄保持在一定的范围（5～15 天）。

（七）记录数据

观察界面右边的数据，并不断调整溶解氧浓度（DO）、活性污泥微生物浓度（MLSS）、泥龄（SRT）、污泥负荷（F/M），待其稳定后，开始记录数据。

（八）调整原水进水水质或水量

点击“原水 BOD 调节”的上下按钮（图 5－92）调整进水水质，或者点击“原水进水阀”来调节水量，以改变污泥负荷（0.2～1.2 kgBOD/kg mL 55 d）。

图 5－92

（九）调节其余参数使系统稳定

调整溶解氧浓度（DO）、活性污泥微生物浓度（MLSS），使其稳定在上一次测定值，改变泥龄（SRT）、污泥负荷（F/M），待其稳定后，记录数据。

记录四组数据，实验完毕。

五、注意事项

（1）实验过程中，要始终保持溶解氧浓度（DO）在 2.0 mg/L 左右。

（2）在保持活性污泥微生物浓度（MLSS）（1 300～3 000 mg/L）稳定的情况下，测定不同污泥负荷（F/M）时的各项参数。MLSS 的稳定靠溶解氧、回流比和泥龄的调节来实现。

（3）注意排泥流量，保持泥龄（SRT）在 5～15 天。污泥负荷越高，增长的污泥越多，排泥量越大，泥龄也越短。

CHAPTER 6 第六章

水处理实验工程实例

实例一　某市污水厂污水再生回用工艺

一、研究的目的与意义

本研究作为“水污染控制技术与治理工程”重大专项“某市中心城区水环境质量改善技术与综合示范”课题的子课题“二级处理出水回用于工业的处理技术研究”的部分内容，选择某市北郊污水处理厂二期处理工程为研究示范对象，二级处理出水回用于某市热电厂和某省铝业公司等企业作为循环冷却补充水和喷淋冲灰水等。某市北郊污水处理厂二期工程截流污水全部为城市生活污水，处理能力为 60 000 m^3/d，采用 A^2/O 工艺，设计处理指标为达到《国家污水综合排放标准（GB8978－1996）》的二级排放标准。计划一期回用规模为 30 000 m^3/d（二期 30 000 m^3/d，计划回用于焦化厂、某钢铁厂、某化工厂和某制药厂等），要求处理水质达到国家《再生水用作冷却用水的建议水质标准（2002 年）》，主要水质指标状况及处理要求汇总见表 6－1。

表 6-1　某市北郊污水处理厂污水水质与回用于冷却水的主要水质要求

水质指标	原污水	二级处理出水（设计）	冷却水回用要求
pH	6～9	6～9	6.5～9.0
COD（mg/L）	≤400	≤100	≤50
BOD_5（mg/L）	≤200	≤30	≤10
SS（mg/L）	≤200	≤30	≤5
氨氮（mg/L）	≤25	≤15	≤10（或 1）*
总磷（mg/L）	≤4	≤1	≤1
氯化物（mg/L）	≤250	—	≤300
总固体（mg/L）	≤1 000	—	≤1 000
游离余氯（mg/L）	—	—	0.1～0.2
大肠菌群（个/L）	—	—	≤2 000

注：*当冷却系统为铜管结构时，对氨氮的要求为 1 mg/L；本系统要求为1 mg/L。

在“某市中心城区水环境质量改善技术与综合示范”课题实施方案中，对于“二级处理出水回用于工业的处理技术研究”的回用处理工艺，根据二级出水水质状况和回用水水质要求，主要控制指标为 COD、BOD_5、SS、TP 和氨氮，因此处理工艺中选择生物处理单元和过滤单元，经过技术选择与比较，选择图 6-1 所示回用处理工艺进行中试实验研究。

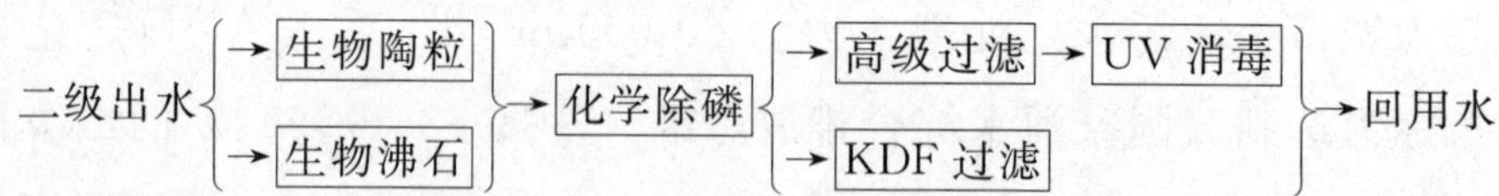

图 6-1　污水工业回用处理实验流程

从上述流程可以看出，该方案主要由 3 个环节组成，即生物处理单元、化学除磷单元（视二级出水水质而定，可以超越）、过滤单元。

根据整个课题的安排，本研究着重于上述工艺流程中化学除磷及过滤技术的研究，针对某市北郊污水处理厂 A^2/O 工艺二级出水经曝气生物滤池出水进行处理，以达到国家《再生水用作冷却用水的建议水质标准（2002年）》。

化学除磷单元是污水回用处理流程中的备用（保障）单元，在二级处理系统（A^2O）正常运行时，出水的总磷能够满足回用要求，但由于其出水总磷浓度的控制难度较大，因此在工艺中特增加化学除磷单元，在正常情况下可超越运行。

化学除磷仅在曝气生物滤池和高级过滤单元之间增设一个管道静态混合器，当需要实现化学脱磷时，只需要投加混凝剂、助凝剂并进行充分混合，再通过高级过滤即可直接将沉淀物去除，从而达到除磷的目的。

过滤技术是去除水中剩余的COD、SS、磷等污染物的有效技术，实验研究微网动态膜、新型高效处理单元—KDF、纤维球（超高分子量聚乙烯）、微滤（中空纤维）、超滤等，筛选经济、实用、高效的过滤处理单元。

在膜过滤的过程中，污水中的胶体和悬浮颗粒在压力的作用下被截流或吸附在膜表面，造成了膜通量的下降，这一现象称为膜污染。在膜分离工艺中，膜污染是应极力避免的。但是，有些科学家发现膜污染层虽然会使能耗增大，但它有助于对小粒子的截流，提高过滤分离性能，膜生物反应器中形成的这一膜污染层即生物动态膜。

在微网动态膜反应器中，使污水通过孔径较大的基材（毫米级）进行过滤，基材的表面会逐步形成动态膜层，这一膜层由滤饼层和凝胶层组成，孔径为0.1～0.5 μm，具备类似于传统微滤膜的截留作用，称为生物动态膜，相应的过滤操作称为生物动态膜过滤。

生物动态膜过滤保留了膜过滤的绝大部分优点，但所需的过滤压力小得多，大大降低了污水处理运行费用；膜组件可以由价格便宜的无纺布、筛网等加工制作，大大减小了膜生物反应器的基建投资；动态膜的污染问题非常易于控制，采取膜下方直接曝气的方式即可完全恢复动态膜的通量。

二、研究实施方案

（一）主要研究内容

本研究针对曝气生物滤池处理出水进行化学除磷及微絮凝过滤，达到《再生水用作冷却用水的建议水质标准（2002年）》，采用实验室小试及现场中试规模实验相结合的研究方法。根据课题承担单位某大学的具体情况，实验室小试采用某市水质净化一厂二沉池出水作为实验用水，研究针对二沉池出水的高效、经济混凝剂、助凝剂的筛选及投加量，滤池设计、运行参数、反冲洗参数的优化及不同滤料的运行特性；取某市北郊污水厂二沉池出水，对筛选混凝剂、助凝剂进行验证实验以指导现场中试。某市水质净化一厂设计日处理水量为45万 m^3，服务面积为108 km^2，分两期建设。一期工程于1995年7月建成，1998年6月正式运行，日平均处理污水22万 m^3。污水处理工艺采用传统活性污泥法（不包括脱磷除氮），设计进出水水质及实际进出水水质见表6-2。

表6-2　某市水质净化一厂设计进出水水质及实际进出水水质

	设计进出水水质			实际进出水水质		
项目	BOD（mg/L）	COD（mg/L）	SS（mg/L）	BOD（mg/L）	COD（mg/L）	SS（mg/L）
进水	260	500	400	65	200	150
出水	≤20	≤100	≤30	≤15	≤60	≤30

现场中试采用某市北郊污水厂二沉池出水作为进水。某市北郊污水厂采用 A^2/O 工艺，二沉池出水进入BAF，出水经化学除磷及过滤单元，化学除磷单元必须考虑到该污水厂进水中TP浓度的波动。现场中试设计规模 $Q=1\ m^3/h$，BAF出水具有4.5 m水头。

根据以上实验思路，本研究分为实验室研究及现场中试两部分内容，实验室研究将为现场实验提供依据及理论指导。

1. 实验室研究内容

（1）微絮凝过滤技术的研究：

①高效、经济混凝剂、助凝剂的筛选。

研究某市水质净化一厂二沉池出水经化学除磷及微絮凝过滤回用技术中高效、经济混凝剂、助凝剂的筛选及投加量。筛选经济、高效的混凝剂与助凝剂，提高污染物的去除效率，为处理水质稳定达到《再生水用作冷却用水的建议水质标准（2002年）》及指导现场实验提供技术支持。筛选出高效、经济混凝剂、助凝剂后，取某市北郊污水厂二沉池出水进行实验对比，确定选择出混凝剂、助凝剂的适用性。针对生活污水中TP进水水质波动的特点，现场中试BAF出水中TP会有所升高，研究在小试时COD、氨氮、SS等出水水质达标而TP超标时混凝段应采取的措施，满足最终出水达标的要求。最终选择适用于现场中试的混凝剂、助凝剂。

高效、经济混凝剂、助凝剂的筛选中，选择高分子无机混凝剂聚合氯化铝（PAC）、聚合硫酸铁（PFS）、聚合氯化铝铁（PAFC）及高分子有机混凝剂、助凝剂聚二甲基二烯丙基氯化铵（PDMDAAC）、阳离子型聚丙烯酰胺（CPAM）、阴离子型聚丙烯酰胺（APAM）、非离子聚丙烯酰胺进行静态烧杯实验，确定最优混凝剂及投加量。

②微絮凝过滤运行特性的研究。

以某市水质净化一厂二沉池出水为研究对象，考察进水水质特性，研究某市水质净化一厂二沉池出水经加药混合后经微絮凝过滤对污染物（COD_{Cr}、NH_3-N、TP）的去除情况。

③微絮凝过滤机理。

研究微絮凝颗粒在滤池中传输黏附的过程，絮体 zeta 电位的变化，以及对絮凝颗粒去除的影响。

④滤池设计参数、运行参数、反冲洗参数的优化及不同滤料（铜锌合金滤料 KDF、生物陶粒、石英砂、纤维球等）对微絮凝过滤污染物去除效果的影响。

目前对于微絮凝过滤工艺大多采用传统滤池的设计参数，在实际运行中易出现问题而影响处理效果。本研究针对此工艺的微絮凝滤池的设计参数、运行参数、反冲洗参数进行优化，为进一步的工程应用提供依据。

实验室小试中，设计实验装置考察铜锌合金滤料 KDF、生物陶粒、石英砂、纤维球等在加药混合后废水进入微絮凝滤池时滤池运行特性，选择合适的滤料。研究滤池在选定滤料时不同水力负荷、容积负荷情况下滤池运行特性、滤池反冲洗的方式及冲洗强度。

⑤冬季低温运行时对化学除磷及微絮凝过滤处理效果的影响及采取的措施。

考察在冬季低温运行时化学除磷及微絮凝过滤处理效果，研究针对低温运行时保证出水达到《再生水用作冷却用水的建议水质标准（2002 年）》的具体措施。

（2）直接过滤回用的技术研究：在某市水质净化一厂二沉池出水水质较好时可超越加药混合直接进入滤池，研究针对某市水质净化一厂二沉池出水直接进入滤池时的运行特性、二沉池出水水质变动时滤池的运行特性及可超越加药混合后的出水水质，研究不同滤料对于二沉池出水直接进入滤池时滤池运行参数、反冲洗参数的优化及不同滤料对微絮凝过滤污染物去除效果的影响，以及污染物去除机理、微絮凝过滤过程中同步脱氮除磷的研究。

（3）微网动态膜技术研究：膜生物反应器用膜组件代替传统生化处理工艺中的二沉池，可以进行高效的固液分离。本研究对动态膜过滤基材进行筛选，阐明动态膜反应器中动态膜的形成机理和过滤特性，研究动态膜反应器处理某市水质净化一厂二沉池出水的运行特性，建立生物动态膜反应器的优化控制程序，为生物动态膜反应器在污水回用中的应用奠定技术基础。

2. 现场中试研究内容

根据实验室小试实验的结果，设计加工处理规模为 1 m^3/h 的实验装置，投加筛选出的高效、经济助凝剂及实验室小试确定的滤料进行现场中试，应用实验室优化的运行参数、反冲洗参数考察化学除磷单元、过滤单元的运行特性；根据现场进出水水质并对运行的结果进行定期分析，调整运行参数、反冲洗参数，最终确定该中试实验的运行模式。

（二）关键技术及创新点

针对某市北郊污水处理厂 A^2/O 工艺＋BAF 出水开展化学除磷＋过滤技术的研究，实现出水回用于某市热电厂和某省铝业公司等企业作为循环冷却补充水和喷淋冲灰水等，对于解决城市水资源短缺及污水回用具有重大的研究价值。

（1）针对 BAF 出水的高效、经济混凝剂与助凝剂的筛选：针对处理的具体水质筛选高效、经济、专属混凝剂与助凝剂，针对进水水质波动的范围决定筛选出混凝剂的投加量，以实现出水水质达标。

（2）微絮凝过滤机理的研究：研究化学药剂经混合后微絮凝过滤的机理，颗粒在滤池中的传输黏附过程，不同混凝剂与助凝剂形成矾花后过滤过程。

（3）微絮凝过滤设计参数、运行参数及反冲洗参数的优化：针对目前微絮凝过滤工艺大多采用传统滤池设计参数的情况，根据中试实验情况，调整及总结设计参数，为微絮凝滤池的设计提供依据。根据进水水质情况、滤料的不同，考察微絮凝滤池的运行参数、反冲洗参数并进行优化，为进一步的工程应用提供依据。

（4）微网动态膜技术应用于微絮凝处理的研究：生物动态膜过滤保留了膜过滤的绝大部分优点，但所需的过滤压力小得多，大大降低了污水处理运行费用；膜组件可以由价格便宜的无纺布、筛网等加工制作，大大减小了膜生物反应器的基建投资。因此，实验室小试采用微网动态膜技术和微絮凝过滤技术相结合，研究在再生水回用中的应用，具有重大意义。

（5）冬季低温运行对化学除磷及微絮凝过滤处理效果的影响：冬季低温运行对化学除磷絮体的生成及去除效果的影响也是需要解决的问题。本实验研究低温运行时需处理的进水经化学除磷及微絮凝过滤后出水水质是否可达到《再生水用作冷却用水的建议水质标准（2002年）》的要求，以及应采取的措施等，为冬季运行时出水稳定达标提供依据。

（三）技术路线与研究方法

1. 技术路线

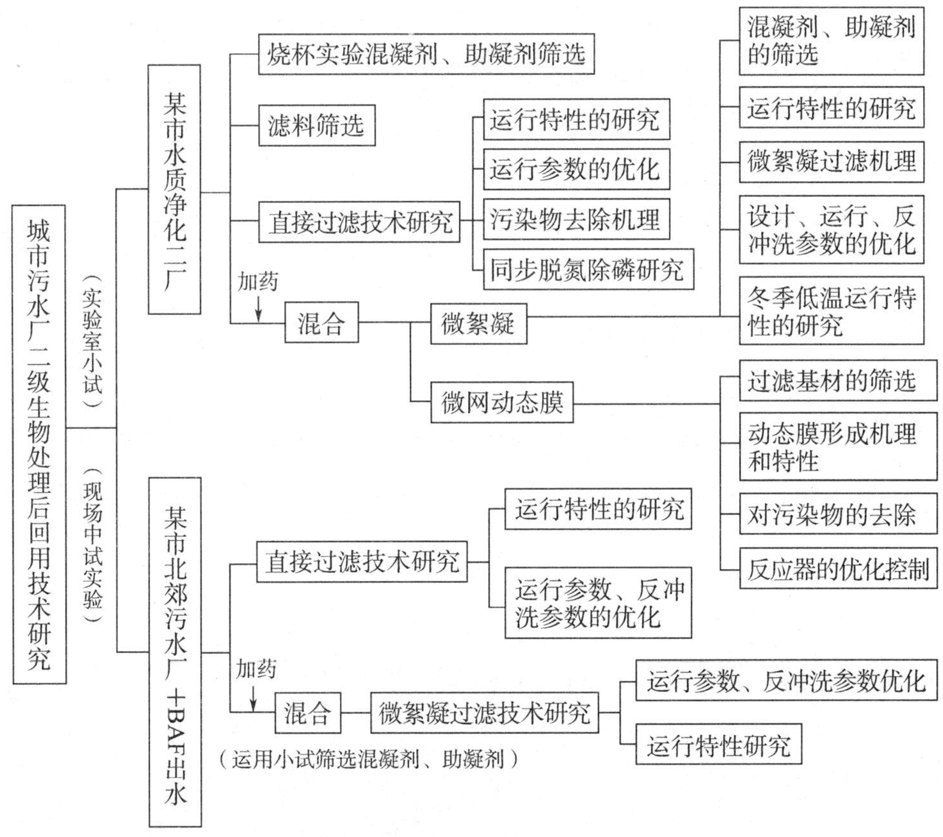

图6-2 技术路线

2. 研究方法

(1) 实验室实验：

①实验室烧杯实验：是确定药剂最佳使用条件和最佳投药量以达到最好处理效果的一种有效方法。根据具体水质的特点，筛选出适用于本课题的经济、有效、专属的混凝剂、助凝剂，为现场中试实验提供技术依据。

②微絮凝过滤技术的研究：絮凝直接过滤技术可简化污水处理的工艺流程，降低投资费用，延长过滤周期，提高产生量、水质等。本课题通过对具体进水水质投加筛选出的高效、经济混凝剂、助凝剂混合后微絮凝过滤技术的研究，掌握微絮凝过滤技术针对不同滤料的运行特性，提出并优化微絮凝滤池的设计参数、运行及反冲洗参数，为推广此技术提供依据。

③直接过滤回用的技术研究：城市污水经二级生物处理以后，根据运行出水水质的波动情况，考虑超越加药混合直接进入滤池时的运行特性，对于节约成本具有非常重大的意义。

④微网动态膜技术研究：膜反应器用膜组件代替传统生化处理工艺中的二沉池，可以进行高效的固液分离。本课题研究用微网动态膜技术代替微絮凝滤池，通过生物动态膜过滤基材的筛选，获得良好的动态膜过滤基材；通过考察 BAF 出水经管道混合器加药后在膜生物反应器中滤饼层和凝胶层的形成过程和构成，解析滤饼层和凝胶层在动态膜过滤过程的作用，并对微生物特性和动态膜形成过程的相关关系进行解析，建立动态膜形成的微生物模型；研究生物动态膜反应器的长期运行特性和处理出水应用于中水回用的可行性。考察该技术在此工艺中的应用，为膜技术在再生水回用方面提供技术依据。

(2) 现场中试实验：在实验现场建造处理规模为 $1m^3/h$ 的中试实验装置，根据实验室小试筛选确定的混凝剂、助凝剂及投加量进行投药及混合，出水进入滤池，研究微絮凝过滤参数的优化及运行特性。

实例二 厌氧生物法处理生活污水工艺

一、实验意义

目前，随着我国居民生活水平的提高，小城镇、农村居民小区生活污水增多，且得不到较好地处理，造成环境污染，对居民的健康构成威胁。现今城市污水处理均是以好氧生物处理为主流工艺，存在有机物（COD）氧化能耗高、有机物内存的化学能消失、剩余污泥量大和大量CO_2释放等不可避免的缺点。废水厌氧生物处理是一种低成本的废水处理技术，废水厌氧生物处理技术可以作为能源生产和环境保护体系的一个核心部分，其产物可以被积极利用而产生经济价值。

二、实验目的

本实验针对厌氧反应低能耗、污泥产量少的优点，可以处理高浓度有机物及在好氧条件下生物难降解的有机物。本实验主要是研究厌氧反应器处理生活污水效果的小试实验，其中生活污水取用某高校化粪池污水。

三、实验装置及仪器

（一）实验装置

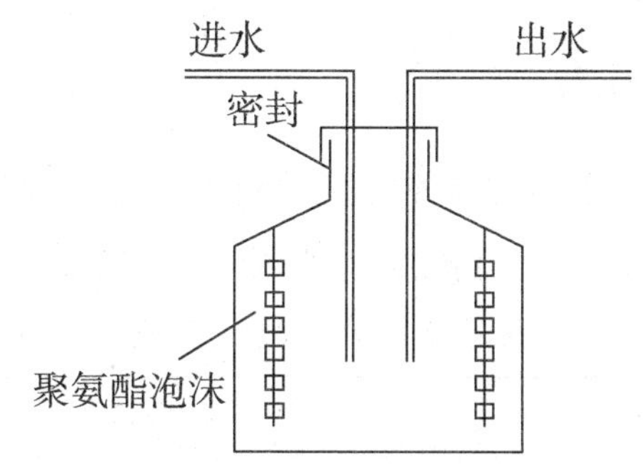

图 6-3 厌氧反应器

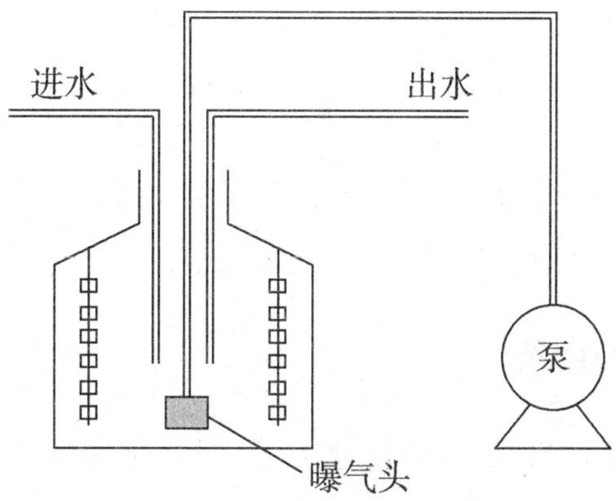

图 6-4 好氧反应器

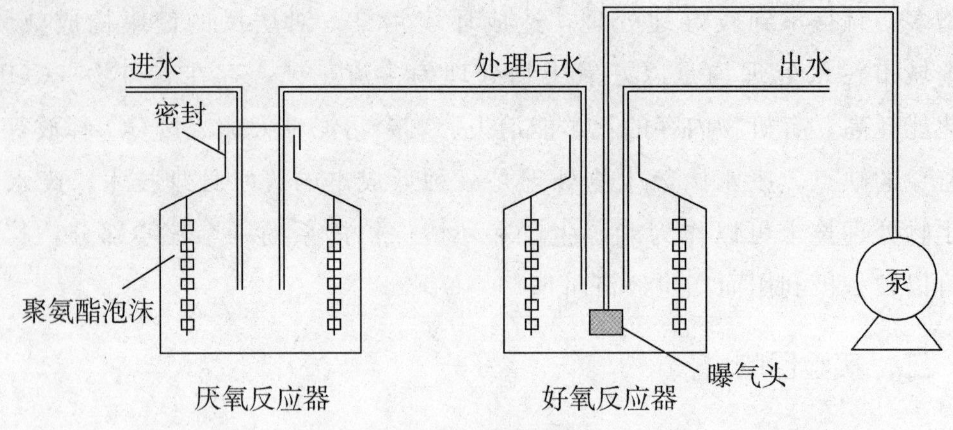

图 6－5　组合工艺

主体设备是 500 mL 锥形瓶作为连续厌氧—好氧反应器（图 6－3、图 6－4），好氧反应器外设有曝气泵，在反应器的内部装有海绵载体，反应器的有效容积为 500 mL。

主要采用六个反应器，分为三组：第一组，反应器不加载体，直接进行厌氧与好氧对比；第二组，都加聚氨酯泡沫作为载体进行厌氧与好氧对比；第三组，将反应器内分别投加聚氨酯泡沫及海绵铁作为载体，进行厌氧与好氧去除效果的对比。

（二）监测仪器与方法

实验测定仪器的各种相关参数或项目的测定均按照《水和废水监测分析方法》（国家环保局编）进行测定，如表 6－3 所示。

表 6－3　　实验项目分析测定方法

测定数据名称	分析方法	测定数据名称	分析方法
SS	重量法	COD	752 分光光度法
pH	pH 仪	TP	752 分光光度法
TN	752 分光光度法	NH_3—N	钠氏试剂分光光度法

配置电子天平、紫外分光光度计、温度计及玻璃仪器若干。

实验药品依据所测指标的选用方法而定。

（三）污泥来源及用量

本实验所用污泥取自某大学污水厂污泥，实验期间每天换水一次，换水比例为 1∶1。

四、实验方法

实验主要是在常温（20℃）下，测定三种厌氧反应器在不同环境下对生活污水指标的去除效果，如表 6－4 所示，稳定运行周期长，预计为 8～12 周。

表 6－4　　反应器对生活污水指标的去除效果

反应时间（天）/指标	0	1	2	3	5	6	…
COD							
TP							
TN							
NH_3-N							
pH							

确定厌氧反应器对生活污水各指标的最佳去除效果（本实验中的去除效果通过去除率判断），之后采用图 6－5 所示的组合工艺，测定生活污水各指标的去除率。

实例三　A^2O + MBR 法处理制药型废水试运行工艺

一、工程概况

某企业主要从事医药中间体和医药原料的生产，目前主要产品有甲酯胺化物、环丙羧酸、L－肉碱、DL－肉碱盐酸及 3－ATMA。企业工艺废水，主要产生于 DESMP、左氟沙星、恩曲他滨、章胺盐酸盐、左旋肉碱等产品的生产过程，各自废水产生量具体见表 6－5。

（一）现有废水处理站

该厂区内目前有一套废水处理装置，设计参数：废水设计水量 $200m^3/d$，设计进水水质为 pH6.0～8.0、$COD_{Cr}\leqslant$11 500 mg/L、$BOD_5\leqslant$2 300 mg/L、含盐量≤10 000 mg/L、Cl≤3 000 mg/L，出水水质为 pH6.0～9.0、$COD_{Cr}\leqslant$500 mg/L、$BOD_5\leqslant$300 mg/L。具体工艺流程如图 6－6 所示。

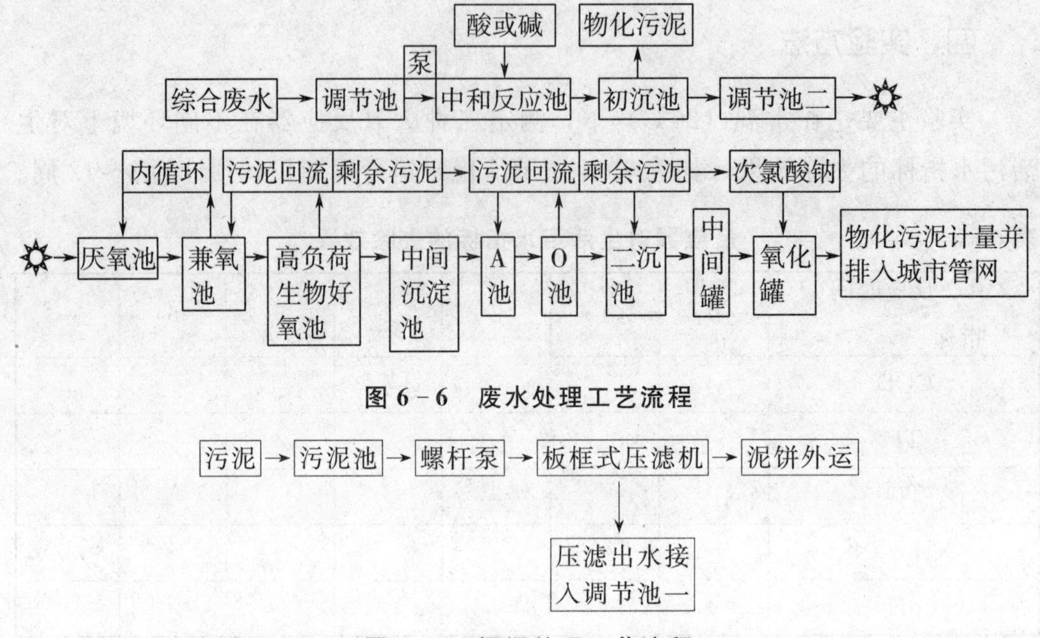

图 6-6　废水处理工艺流程

污泥 → 污泥池 → 螺杆泵 → 板框式压滤机 → 泥饼外运

板框式压滤机 → 压滤出水接入调节池一

图 6-7　污泥处理工艺流程

废水处理工艺流程（图 6-6）说明：综合废水通过管道流入废水处理站，首先经过格栅井，废水经过格栅去除废水中的杂质后自流入调节池一。调节池一的废水用泵打入中和池，通过加入酸、碱来调整废水 pH 在 6～9 之间。经酸碱调节后的废水自流入初沉池，在初沉池中废水所含的 SS 基本得到去除，出水接入调节池二。再用泵将废水送至厌氧池内，厌氧池的废水自流入兼氧池，之后进入高负荷生物好氧池进行一级好氧生物处理，使大部分有机物得到降解，出水经中间沉淀池沉淀后接入二级生化处理。二级生化采用 A/O 法，首先中沉池出水接入 A 池，在兼菌作用下提高可生化性，然后接入二级接触氧化池，通过二次好氧微生物处理进一步降低有机污染物，最大限度地提高生化处理效率。经二沉池上清液排入中间罐，然后泵入氧化罐内，通过投加次氯酸钠去除氨氮，处理出水达标排入城市污水管网。

污泥处理工艺（图 6-7）说明：生化剩余污泥及初沉池物化污泥采用板框压滤机压滤，压滤出水自流入调节池一，滤饼外运处置。

（二）各环节设施设计参数

1. 调节池一

设计停留时间 27 h，平面尺寸 12.5 m×6.0 m，有效水深 3.0 m，总深

4.6 m，有效容积 225 m^3，埋地式钢筋砼结构，内设 FP50—10—10—1.5 型卧式提升泵（Q=10 m^3/h，H=10 m，N=1.5 kW）2 台。

2. 中和反应池

设计中和反应池停留时间 36 min，平面尺寸 1.0 m×1.0 m，有效水深 5.0 m，总深 5.5 m，有效容积 5 m^3，内设 JBQ—1.1 型搅拌机 1 台。

3. 初沉池

设计表面负荷 0.7 m^3/(m^2 · h)，采用竖流式沉淀池，平面尺寸 3.5 m×3.5 m，总深 5.5 m，内设 25WG 型污泥泵（Q=7.5 m^3/h，H=8.0 m，N=1.1 kW）2 台，一用一备。

4. 调节池二

设计停留时间 6 h，平面尺寸 6.0 m×2.0 m，有效水深 4.4 m，总深 4.9 m，有效容积 52 m^3，埋地式钢筋砼结构，内设 FP50—10—10—1.5 型卧式提升泵（Q=10 m^3/h，H=10 m，N=1.5 kW）2 台。

5. 厌氧池

采用上流式泥法厌氧方式，HRT=1.7 d，平面尺寸 7.1 m×7.1 m，有效水深 7.0 m，总深 7.5 m，有效容积 353 m^3；池顶上部设三相分离器，底部设穿孔管布水，半埋式钢筋砼结构。

6. 兼氧池

活性污泥法运行，HRT=1.7 d，平面尺寸 7.1 m×7.1 m，有效水深 7.0 m，总深 7.5 m，有效容积 353 m^3；内设 IS125—100A 型内循环泵（Q=143 m^3/h，H=10.0 m，N=7.5 kW）2 台，一用一备，设潜水搅拌机（N=4.0 kW）1 台，半埋式钢筋砼结构。

7. 高负荷生物好氧池

采用生物膜法，停留时间 24 h，平面尺寸 10.85 m×3.85 m，有效深 5.0 m，总深 5.5 m，总有效容积 208 m^3；采用微孔曝气器布气，共 140 套，半埋式钢筋砼结构。

8. 中间沉淀池

设计表面负荷 0.7 m^3/（m^2 · h)，采用竖流式沉淀池，平面尺寸 3.5 m×3.5 m，总深 5.5 m；内设 25WG 型污泥泵（Q=7.5 m^3/h，H=8.0 m，N=1.1 kW）2 台，一用一备。

9. A 池、O 池

A 池停留时间 22.5 h，平面尺寸 10.85 m×3.45 m，有效水深 5.0 m，总深 5.5 m，总有效容积 187 m^3。

O 池停留时间 45.5 h，平面尺寸 10.85 m×7.0 m，有效水深 5.0 m，总深 5.5 m，总有效容积 380 m^3。

A 池内设潜水搅拌机（N=4.0 kW）1 台，池内设立体弹性填料；O 池内设置立体弹性填料，底部设 ZH215 型可变微孔曝气器 260 套。

10. 二沉池

设计表面负荷 0.7 $m^3/(m^2 \cdot h)$，采用竖流式沉淀池，平面尺寸 3.5 m×3.5 m，总深 5.5 m；内设 25WG 型污泥泵（Q=7.5 m^3/h，H=8.0 m，N=1.1 kW）2 台，一用一备；沉淀污泥由污泥回流泵送至兼氧池和接触氧化池，剩余污泥排至污泥浓缩池。

11. 中间罐

设 1 只，容积 2 m^3，暂时储存二沉池出水，间歇式泵入氧化罐处理。

12. 氧化罐

设 3 只，每只容积 20 m^3，投加次氯酸钠除氨氮，采用批次处理出水。

13. 风机房

内设 BK5006 型罗茨风机（Q=6.98 m^3/min，N=15.0 kW，p=53.9 kPa）3 台，二用一备。

14. 污泥池

平面尺寸 3.4 m×2.25 m，有效水深 5.0 m，总深 5.5 m，总有效容积 38 m^3，钢砼结构。

（三）设计水质、水量的确定

项目各股废水水质、水量如表 6-5 所示。

表 6－5　设计废水水质、水量（水量单位为 m^3/d，其他指标单位为 mg/L）

<table>
<tr><th>序号</th><th>废水种类</th><th>废水来源</th><th colspan="2">废水量</th><th>COD_{Cr}</th><th>BOD_5</th><th>TKN</th><th>F</th><th>硝基苯</th><th>石油类</th><th>甲醛</th></tr>
<tr><td>1</td><td rowspan="5">高浓废水</td><td>DESMP 废水</td><td rowspan="4">11</td><td rowspan="5">300</td><td rowspan="5">43 643</td><td rowspan="5">8 730</td><td rowspan="5">—</td><td rowspan="5">1 000</td><td rowspan="5">50</td><td rowspan="5">50</td><td rowspan="5">40</td></tr>
<tr><td>2</td><td>恩曲他滨</td></tr>
<tr><td>3</td><td>章胺盐酸盐</td></tr>
<tr><td>4</td><td>左氟沙星</td></tr>
<tr><td>5</td><td>其他高浓度废水</td><td>289</td></tr>
<tr><td>6</td><td rowspan="7">低浓废水</td><td>尾气喷淋废水</td><td rowspan="6">355</td><td rowspan="7">1 200</td><td rowspan="7">2 095</td><td rowspan="7">465</td><td rowspan="7">—</td><td rowspan="7">—</td><td rowspan="7">—</td><td rowspan="7">—</td><td rowspan="7">—</td></tr>
<tr><td>7</td><td>左旋肉碱</td></tr>
<tr><td>8</td><td>真空泵循环更换废水</td></tr>
<tr><td>9</td><td>设备清洗废水</td></tr>
<tr><td>10</td><td>车间地面冲洗废水</td></tr>
<tr><td>11</td><td>职工生活污水</td></tr>
<tr><td>12</td><td>其他低浓度废水</td><td>845</td></tr>
<tr><td></td><td></td><td>混合废水</td><td colspan="2">1 500</td><td>10 405</td><td>2 118</td><td>150</td><td>200</td><td>10</td><td>10</td><td>8</td></tr>
</table>

（四）设计处理出水标准

该企业出水纳入市政污水管网，出水指标除 COD_{Cr} 外，其余执行《污水综合排放标准》（GB8978－1996）三级标准，即：pH6～9，$COD_{Cr} \leqslant 300$ mg/L，$BOD_5 \leqslant 300$ mg/L，$F \leqslant 20$ mg/L，$NH_3-N \leqslant 35$ mg/L，硝基苯 $\leqslant 5$ mg/L，石油类 $\leqslant 20$ mg/L，甲醛 $\leqslant 5$ mg/L。

三、处理工艺方案的确定

（一）废水预处理工艺

高浓度废水中某几股废水含特殊污染因子，需经过相应预处理后再接入综合调节池。具体分析如下：

(1) DESMP 废水水量小，但盐分较高（9.52%），并且含有亚磷酸二乙酯（难生化降解物质）。考虑首先采用蒸发浓缩进行脱盐预处理，蒸发出来的冷凝水接入综合调节池进入下一步处理。

(2) 左氟沙星废水盐分很高，达到 11.4%与 23.9%，并且废水含有氟化钠、DMF。考虑首先采用蒸发浓缩进行脱盐预处理，既可以把废水所含盐大部分截留下来，亦能将氟离子控制在标准排放值之下。蒸发出来的冷凝水接入综合调节池进入下一步处理。

(3) 章胺盐酸盐含硝基苯，沸点为 210.8℃，不易挥发。可通过蒸发浓缩措施，硝基苯形成固废处理，蒸发冷凝水接入综合调节池进入下一步处理。

由于目前统计的需要蒸发浓缩处理的水量只有约 11 m^3/d，故结晶系统规模按 3 m^3/h 处理量设计。预处理后的废水排入综合调节池进入后续处理工艺，预处理工艺流程如图 6-8 所示。

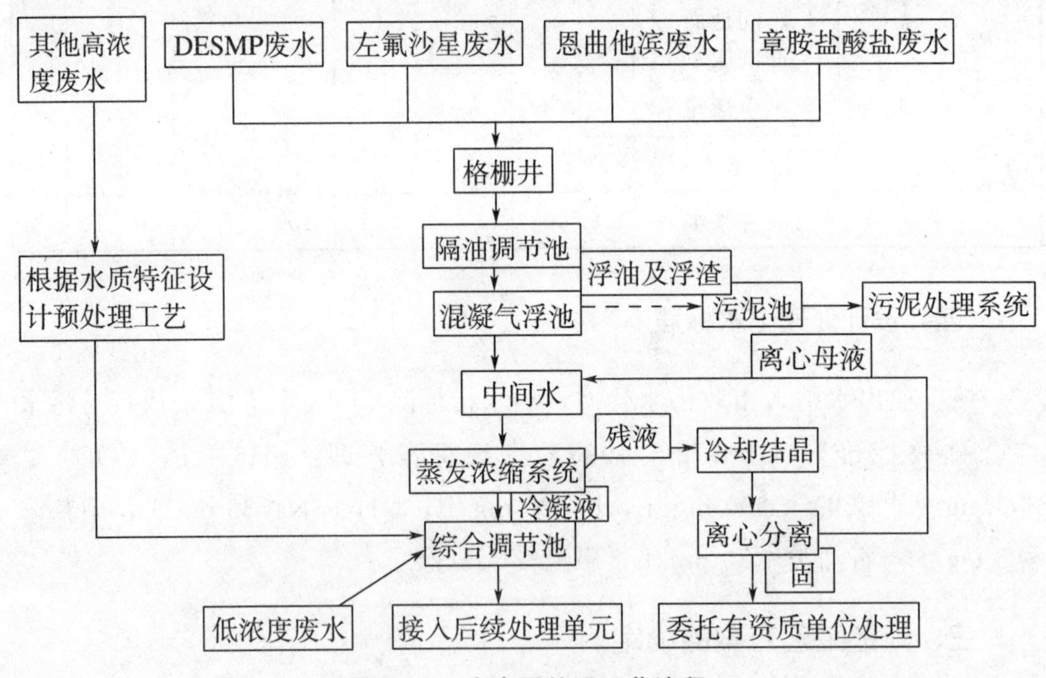

图 6-8 废水预处理工艺流程

（二）废水后续处理工艺

后续处理过程主要是生化处理，生化主体构筑物分二组设计，便于检修及灵活使用，亦能节省运行费用。废水处理工艺路线如图 6-9 所示。

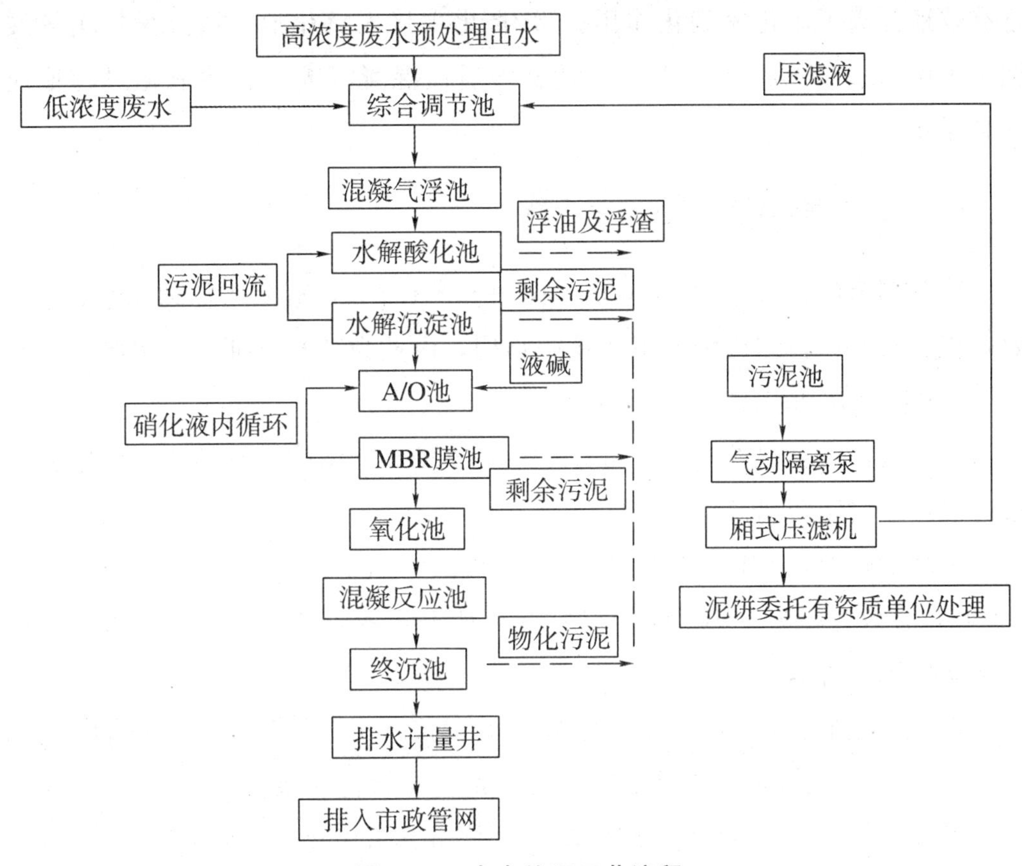

图 6－9　废水处理工艺流程

工艺流程说明：首先，高浓度废水经预处理后与低浓度废水一并接入综合调节池，池内设置穿孔搅拌装置，使废水充分混合均匀，保证处理效果的稳定性。综合调节池废水经提升泵提升到混凝气浮池，投加酸或碱调整废水 pH 到中性，添加混凝剂、絮凝剂使废水内的悬浮物絮凝成块，通过气浮作用将浮油与浮渣去除，出水进入生化处理系统。

生化前段设置水解酸化池，通过水解酸化菌的作用，废水中的大分子有机物质分解成小分子物质，废水 B/C 比得到提高，水解酸化池出水流入水解沉淀池进行泥水分离，水解污泥池通过污泥回流泵回流到水解酸化池，上清液流入后段 A/O 系统再续处理。首先，在 A 池内，反硝化菌利用水解沉淀池出水中的有机物作为碳源，将从 O 池回流过来的硝化液中的液态氮转变为氮气释放到大气中；到 O 池，活性污泥在好氧状态下降解大部分有机物，硝化菌又将废水中 NH_3-N 转变为 NO_3-N。A/O 出水接入膜内，由于膜的使用，系统的污泥浓度大大提高，从而增加了生化处理效率，并且有效地提高了硝化反硝化作用。MBR 出水接入氧化池，通过投加次氯酸钠，确保出水 COD_{Cr} 及 NH_3-N 达标。后接混凝沉淀，去除氧化过程形成的悬浮物。

（三）废水后续处理工艺方案设计

综合调节池：尺寸为 21.0 m×18.0 m×4.2 m，有效水深为 4.0 m，有效容积 1 512 m^3，结构为地下式钢砼结构，内壁为三布五油环氧树脂。配有 3 台废水提升泵和引水罐。

混凝气浮池：尺寸为 6.5 m×2.9 m×2.5 m，结构为钢结构，内壁为三布五油环氧树脂防腐。

水解酸化池：2 座，单座尺寸为 13.5 m×12.5 m×6.5 m，有效水深为 6.0 m，有效容积为 1 012 m^3，结构为半地上式钢砼结构。配有潜水搅拌机 4 台和组合填料。

水解沉淀池：4 座，单座尺寸为 6.0 m×5.0 m×6.5 m，表面负荷 0.52 $m^3/m^2\cdot h$，结构为半地上式钢砼结构。配有 4 台污泥泵。

A 池：2 座，单座尺寸为 12.5 m×5.5 m×6.0 m，有效水深 5.5 m，有效容积 378 m^3，结构为半地上式钢砼结构。配有 2 台潜水搅拌机。

O 池：2 座，单座尺寸 18.0 m×12.5 m×6.0 m，有效水深 5.5 m，有效容积 1 237 m^3，结构为半地上式钢砼结构。配有 220 套可提升泵管式微孔排气器，6 台硝化液回流泵（将 O 池硝化液回流 A 池），2 台溶氧仪（测定 O 池溶解氧）。

MBR 池：2 座，单座尺寸为 9.2 m×6.0 m×6.0 m，有效水深 5.5 m，有效容积 303 m^3，结构为半地上式钢砼结构。配 12 组 PP 中空纤维膜（净化水浊度≤1.0NTU，每片设计通量 0.8 m^3/d），684 套微孔曝气头，12 套膜架，12 套集水管及管阀件，1 227 根膜片专用卡槽，4 台自吸泵（二用二备）。

氧化池：1 座，尺寸为 6.0 m×4.0 m×6.0 m，有效水深 5.5 m，有效容积 132 m^3，结构为半地上式钢砼结构，内壁三布五油环氧树脂防腐。配有 1 台搅拌机，1 个次氯酸钠储罐，2 台次氯酸钠加药泵（一用一备）。

膜清洗池：2 座，单座尺寸为 6.0 m×1.3 m×6.0 m，有效水深5.5 m，

有效容积 42 m^3，结构为半地上式钢砼结构。

混凝反应池：1 座，尺寸为 4.0 m×2.0 m×4.5 m，有效水深 4.0 m，有效容积 32 m^3，结构为半地上式钢砼结构。配有 1 台搅拌机。

二沉池：1 座，单座尺寸为∅12 m×4.5 m，有效水深 4.0 m，表面负荷 0.55 m^3/（m^2·h），结构为半地上式钢砼结构。配有 1 台中心传动刮泥机（将沉淀污泥刮入中心泥斗），2 台污泥回流泵（将污泥回流至 A/O 池）。

污泥池：1 座，尺寸为 10.0 m×7.5 m×5.0 m，内分两路，单格尺寸 5.0 m×7.5 m×5.0 m，有效水深 4.5 m，有效容积 337 m^3，结构为半地上式钢砼结构。

污泥脱水机房：1 间，双层，尺寸为 10.0 m×8.0 m×7.0 m，结构为砖混结构。配有 2 台厢式压滤机（污泥压滤，使湿污泥减容），2 台启动隔膜泵（输送湿污泥），1 台空气压缩机（为气动隔膜泵提供气源），2 套气动污泥斗。

风机房，蒸发浓缩结晶室，综合房，加药间（硫酸储罐、液碱储罐、PAM 加药装置、PAC 加药装置、磷营养剂加药装置），均采用砖混结构。

四、工程的运行方案

（一）污泥投加阶段

1. 投加污泥选择

本次选择投加的污泥为某大型生活污水处理厂的生化污泥经压滤而成的干污泥，含水率为 98%左右，其生活环境 COD 为 700 mg/L，易于培养。

2. 污泥量统计

表 6－6　　污泥量统计

水解酸化池（南）	水解酸化池（北）	AO 池（南）	AO 池（北）
40 t	40 t	60 t	60 t

3. 污泥投加方法

先把干污泥放入地面水槽，用水冲刷搅拌，均匀后用泥浆泵通过管道送达补泥池里。

4. 污泥投加步骤

(1) 第一阶段：水解酸化池补泥 80 t（南北池各 40 t）。

首先，用河水蓄水到水解酸化池填料挂架底部，开启潜水搅拌机进行搅拌。然后往水解酸化池（北）补泥 40 t，同时每天往水解酸化池（北）注入经中和、混凝、絮凝、气浮预处理过的原水 15 m^3 至补泥结束，共 4 天，60 m^3。补泥结束后，水解酸化池（北）加河水至出水堰板处，同时开启污泥回流泵，使水解酸化池污泥尽可能多地挂在组合填料上。

再往水解酸化池（南）补泥 40 t，同时每天往水解酸化池（南）注入经中和、混凝、絮凝、气浮预处理过的原水 15 m^3 至补泥结束，共 3 天，45 m^3。补泥结束后，水解酸化池（南）加河水至出水堰板处，同时开启污泥回流泵，使水解酸化池污泥尽可能多地挂在组合填料上。

最后，每天往水解酸化池（南）、水解酸化池（北）加面粉 50 kg、磷酸二氢钾 25 kg，共 2 天，待进水。

(2) 第二阶段：AO 池补泥 120 t（南北池各 60 t）。

首先，用河水蓄水到 AO 池液位 1/3 处，开启 AO 池曝气系统。

再往 AO 池（北）补泥，同时每天往水解酸化池（北）注入水 15 m^3，至补泥结束，共 3 天，45 m^3。补泥结束后，AO 池（北）蓄水至设计液位。当 AO 池（北）往 MBR 出水时，开启 MBR 曝气系统。

然后，往 AO 池（南）补泥，同时每天往水解酸化池（南）注入水 16 m^3，至补泥结束，共 4 天，60 m^3。补泥结束后，AO 池（北）蓄水至设计液位。当 AO 池（南）往 MBR 出水时，开启 MBR 曝气系统。

最后，开启 AO 池硝化液回流泵、MBR 污泥回流泵，进行循环。待进水。

（二）系统联机调试

(1) 开启组合池 2 的曝气搅拌系统，原水经提升泵作用进入配水池。开启液碱、PAC、PAM、磷加药管路，配水池加入液碱，调整 pH 至 7～8；加入 PAC、PAM 进行混凝，经气浮去除油类物质和浮渣；投加磷酸二氢钠，保证生化系统营养物质供应。气浮出水进入生化系统。

(2) 生化池前段是水解酸化池，通过水解酸化菌的作用，将废水中大分子有机物分解成小分子物质，废水的可生化性得到提高，水解酸化池出水流入水解沉淀池进行泥水分离，水解酸化池上清液注入后段的AO系统进行处理。为保证水解酸化池进水水质，水解酸化池段按7倍进行稀释。

（3）AO系统：首先，在A池内，反硝化细菌利用水解沉淀池出水中的有机物作为碳源，将从O池回流过来的硝化液中的硝态氮转化成氮气释放到大气中。到O池，活性污泥在好氧状态下降解大部分有机物，硝化菌又将废水中的NH_3-N转化为NO_3-N，此时AO的pH会迅速下降，应往AO池投加液碱，控制pH至7左右。

（4）AO出水接入MBR池，由于膜的作用，AO池污泥浓度大大提高，从而增加了生化处理效果，有效提高硝化反硝化作用。MBR出水经氧化池进入沉淀池，再排入计量井。

（5）逐步提升原水进水量。

①根据负荷和污泥量，控制风量于合理水平，使AO池的DO保持在4～6 mg/L。

②控制AO池污泥沉降比为30%～40%。如果AO池污泥沉降比增加到40%，开启MBR池往水解酸化池污泥回流管路，增加水解酸化池污泥浓度；如果AO池污泥沉降比增加到45%，开启MBR池往污泥池排泥管路，往污泥池排掉剩余污泥。在污泥池，污泥进行浓缩处理，达到一定污泥浓度后用离心机脱水。

五、控制参数与影响因素分析

（一）pH的控制

一般来说，微生物的生理活动与环境的酸碱度（氢离子浓度）密切相关，只有在适宜的酸碱度条件下，微生物才能进行正常的生理活动。每种微生物的生长与繁殖通常有一个最适pH的范围（如表6-7），如一般细菌、藻类和原生动物的pH适应范围是4～10，但是由于异常的pH可以损害细胞表面的渗透功能和内部的酶反应，因此适宜的pH范围为6～8，即在中性或碱性的环境中生长与繁殖最好。

表 6－7　　　　微生物正常生长的最合适 pH 范围

pH	适合生长繁殖微生物的污泥性能
2.0	大部分霉菌，污泥沉降性不好
3.5	霉菌及细菌，污泥呈白褐色
7.0	污泥呈黄褐色，沉降性与透明度都很好
8～10	污泥呈黄褐色，但透明度不好
9～11	污泥呈粉红色，透明度不好，微生物增殖减少

表 6－8　　　　废水站 9～12 月进水水质 pH 平均值情况统计

时间＼pH	进水	出水
9 月	3.53	7.63
10 月	4.12	7.58
11 月	8.23	6.97
12 月	4.00	6.21

对于药用型废水，进水水质的 pH 变化幅度较大，因此在对反应器进行设计时就应选择生物膜反应器的形式（如好氧或厌氧），并适当投加酸或碱调整 pH 到一个合适的范围，这时可考虑在生物膜反应器前设置调节池以均衡水质，适合微生物的生长繁殖。从表 6－8 可以看出，使 pH 在 6～8 的波动范围之内才能确保工艺的正常运行。

（二）温度

在影响微生物生理活动的各项因素中，温度的作用非常重要。温度适宜，能够促进、强化微生物的生理活动；温度不适宜，能够减弱甚至破坏微生物的生理活动。温度不适宜，还能够导致微生物形态和生理特性的改变，甚至可能使微生物死亡。

温度对生物膜反应器的影响是多方面的。最适宜温度条件下，微生物的生理活动强劲、旺盛，表现在增殖方面则是裂殖速度快，世代时间短。温度改变，参与净化的微生物（主要是细菌）的种类与活性以及生化反应速率都将随之而变化。对好氧生物膜反应器来讲，气体转移速率也将随温度的变化而变化。

控制参数：一般微生物要求水温控制在10～40℃之间，在适宜的温度范围内，温度每提高10℃，微生物的代谢速率会相应提高，COD的去除率也会提高10%左右；相反，温度每降低10℃，COD的去除率会降低10%，因此在冬季COD的生化去除率会明显低于其他季节。为此，废水站在9～11月将温度控制在42℃左右，在12月将温度适当上调。

（三）营养比

微生物的生长、繁殖需要多种营养物质，其中包括碳源、氮源、无机盐类等。废水营养不足时需要向水中投加缺少的营养物质，以满足所需的各种营养物质，并保持其一定数量比例。

控制参数：好氧处理要求C∶N∶P＝100∶5∶1，厌氧处理要求C∶N∶P＝（200～300）∶5∶1。

（四）有毒物质

工业废水有时存在着对微生物具有抑制和杀害作用的化学物质，即有毒物质。有毒物质对微生物生长的毒害作用，主要表现在使细菌细胞的正常结构遭到破坏，以及使菌体内的酶质变，并失去活性。

有毒物质可分为重金属离子（铅、镉、铬、砷、铁、锌等）、有机物类（酚、甲醛、苯、氯苯等）、无机物类（硫化物、氰化钾、氯化钠、硫酸根、硝酸根等）。

有毒物质对微生物产生有毒作用有一个量的概念，即达到一定浓度时显示出毒害作用，在允许浓度以内微生物可以承受。对微生物生理来讲，废水中存在的毒物浓度的允许范围至今还没有统一的资料，而且在废水生物处理中毒物最高容许浓度的规定差别也很大。常见有毒有害物质允许浓度详见表6-9。

表 6-9　　常见有毒有害物质允许浓度

毒物名称	允许浓度/(mg/L)	毒物名称	允许浓度/(mg/L)	毒物名称	允许浓度/(mg/L)
亚砷酸盐	5	铁	100	酚	100
砷酸盐	20	硫化物（以S计）	10～30	氯苯	100
铅	1	氯化钠	10 000	甲醛	100～150
镉	1～5	CN^-	5～20	甲醇	200
五价铬	10	氯化钾	8～9	吡啶	400
六价铬	2～5	硫酸根	5 000	油脂	30～50
镧	5～10	硝酸根	5 000		
锌	5～20	苯	100		

（五）溶解氧

根据对氧的要求，微生物可分为好氧微生物、厌氧微生物及兼性微生物。

好氧微生物在降解有机物的代谢过程中以分子氧作为受氢体，如果分子氧不足，降解过程或因为没有受氢体而不能进行，微生物的正常生长规律就会受到影响，甚至被破坏。所以在好氧生物处理的反应过程中，一般需从外界供氧，要求反应器废水中保持溶解氧浓度在 2～4 mg/L 为宜。

厌氧微生物对氧气很敏感，当有氧存在时，它们就无法生长，这是因为在有氧存在的环境中，厌氧微生物在代谢过程中由脱氢酶所活化的氢将会与氧结合形成 H_2O_2，而厌氧微生物缺乏分解 H_2O_2的酶，从而形成 H_2O_2积累，对微生物细胞产生毒害作用，所以厌氧处理设备要求隔绝空气。

控制参数：好氧微生物需要供给充足的溶解氧，所以将溶解氧维持在 3.5 mg/L，一般不会低于 2 mg/L；兼氧微生物要求溶解氧的范围在 0.2～2.0 mg/L 之间；厌氧微生物要求溶解氧的范围在 0.2 mg/L 以下。

（六）有机物的浓度

进水有机物的浓度高，将增加有机物反应所需的氧量，往往由于水中含氧量不足造成缺氧，影响生化处理效果。但进水有机物的浓度太低，容易造成养料不够，缺乏营养，也使处理效果受到影响。

控制参数：一般进水 BOD_5 值以不超过 500～1 000 mg/L 及不低于 100 mg/L为宜。

（七）盐度

当水溶液中的离子浓度提高时，废水渗透压也相应提高，当达到一定程度时，微生物体内的水分子会大量渗透到体外溶液中，造成细胞失水而发生质壁分离，导致微生物死亡。所以，废水生物处理时盐度是非常重要的指标。

从表 6－10 可以看出，12 月废水中的氯离子浓度大于 2 000 mg/L。而废水中的氯离子浓度大于 2 000 mg/L 时，微生物的活性将受到抑制，COD 去除率会明显下降；废水中的氯离子浓度大于 8 000 mg/L，会造成污泥体积膨胀，水面泛出大量泡沫，微生物会相继死亡。

表 6－10　　废水站 12 月废水盐度

盐度（mg/L） 日期	进水	出水
2012—12—1	2 200	2 200
2012—12—2	3 600	2 500
2012—12—3	3 400	2 700
2012—12—4	2 600	2 600

（八）悬浮固体浓度（MLSS）

MLSS 是指曝气池中废水和活性污泥的混合液体的悬浮固体浓度，单位为 mg/L。控制参数：一般好氧处理混合液悬浮固体浓度为 2 000～4 000 mg/L。

（九）挥发性悬浮固体浓度（MLVSS）

混合液悬浮固体中的有机物量称为混合液的挥发性悬浮固体浓度，以 MLVSS（mg/L）表示。对一定的废水而言，MLVSS 与 MLSS 有一定的比值，例如生活污水的比值为 0.7 左右。

（十）可生化性（BOD_5/COD）

BOD_5和 COD 的比值，是衡量废水是否适于生化处理的重要指标。

控制参数：BOD_5/COD≥0.3 表明废水可进行生化处理；若 BOD_5/COD<0.3，废水可生化性差，不适于生化处理。

（十一）污泥沉降比（SV）

SV 可称为 30 min 沉降比，指混合液在量筒内静置 30 min 后形成的沉降污泥的容积占原来混合液容积的百分率，以%表示。它可反映曝气池正常运行污泥量控制剩余污泥排放量，反映污泥膨胀异常现象。

表 6－11　废水站 9～11 月 AO 池出水水质污泥沉降比平均值

SV_{30}（%） 时间	AO 池（南）（出水）	AO 池（北）（出水）
9 月	54	63
10 月	46	59
11 月	45	75

控制参数：SV 一般控制在 10%～40%较为适宜，但是从表 6－11 可以看出，污泥沉降比都较高。

（十二）污泥容积指数（SVI）

SVI 指曝气池出口处混合液经 30 min 静沉后每克干污泥所形成的沉淀污泥所占的容积，以 mL 计。SVI 值能够反映出活性污泥的凝聚沉淀性能。

（十三）污泥负荷（Ls）

污泥负荷指单位时间内单位重量的活性污泥能处理的有机物量，单位为 kg(BOD_5)/〔kg(MLSS)·d〕。控制参数：一般好氧处理，Ls 取值0.2～0.35 kg(BOD_5)/〔kg(MLSS)·d〕。

六、运行效果及分析

（一）TP、NH_3－N 结果分析

根据该厂日化验报表记录，该厂废水站进出水 TP 变化、NH_3－N 变化分别如图6－9、图 6－10 所示。

进水 TP 的变化范围主要集中在 5～20 mg/L，少量天数超过上述范围，出水 TP 的变化范围主要集中在 0～15 mg/L 之间，该污水处理厂 A^2/O 工艺对 TP 均有较好的去除效果。由图 6－9 可以看出，季节性水温、水质变化对出水 TP 浓度变化没有明显影响。

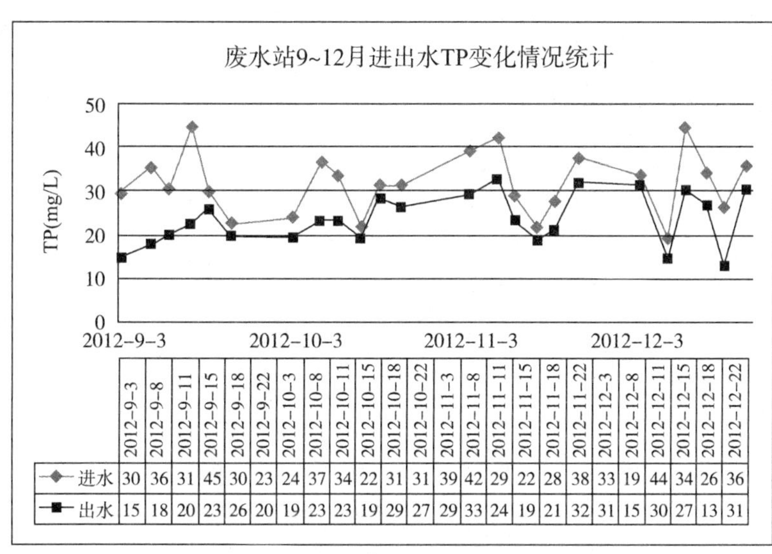

	2012-9-3	2012-9-8	2012-9-11	2012-9-15	2012-9-18	2012-9-22	2012-10-3	2012-10-8	2012-10-11	2012-10-15	2012-10-18	2012-10-22	2012-11-3	2012-11-8	2012-11-11	2012-11-15	2012-11-18	2012-11-22	2012-12-3	2012-12-8	2012-12-11	2012-12-15	2012-12-18	2012-12-22
进水	30	36	31	45	30	23	24	37	34	22	31	31	39	42	29	22	28	38	33	19	44	34	26	36
出水	15	18	20	23	26	20	19	23	23	19	29	27	29	33	24	19	21	32	31	15	30	27	13	31

图 6－9　进水、出水 TP 变化情况

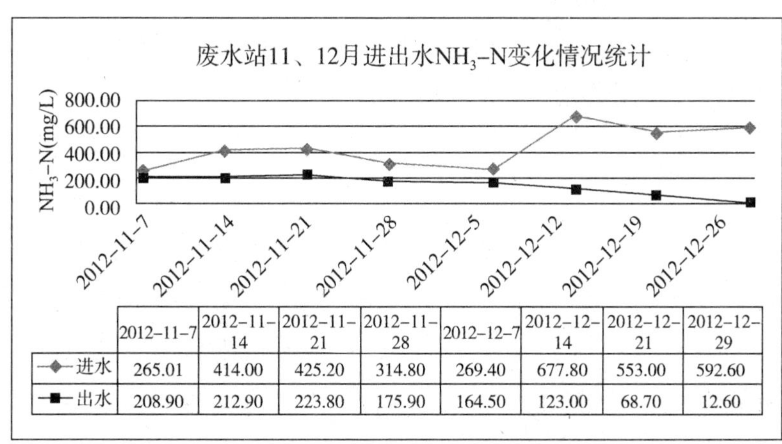

	2012-11-7	2012-11-14	2012-11-21	2012-11-28	2012-12-7	2012-12-14	2012-12-21	2012-12-29
进水	265.01	414.00	425.20	314.80	269.40	677.80	553.00	592.60
出水	208.90	212.90	223.80	175.90	164.50	123.00	68.70	12.60

图 6－10　进水、出水 NH_3－N 变化情况

根据图 6-10 可以看出，进水 NH_3-N 的变化不稳定，波动范围大，而在 12 月中旬之前出水 NH_3-N 都较高，在 12 月中旬之后出水NH_3-N开始下降。由于监管部门对出水 COD、NH_3-N 指标控制极为严格，因此该污水处理站运行管理过程中采用出水整体达标和优化单项指标并重策略，遇较高 COD、NH_3-N 浓度时，多采用提高溶解氧浓度的策略，容易造成污泥回流、混合液回流携带一定量的氧，破坏厌氧段无氧、缺氧段微氧状态，影响 NH_3-N 的去除效果，从而造成出水 NH_3-N 在标准范围内出现较大幅度波动。

该废水站运行过程中，为了实现较好的同步脱氮除磷效果，污泥浓度控制为 3 000～4 000 mg/L，好氧池出口溶解氧浓度控制为 2.0～3.5 mg/L。总磷的去除效果较为稳定，氨氮的值也呈下降趋势，并且开始处于正常范围内。

（二）COD 去除效果分析

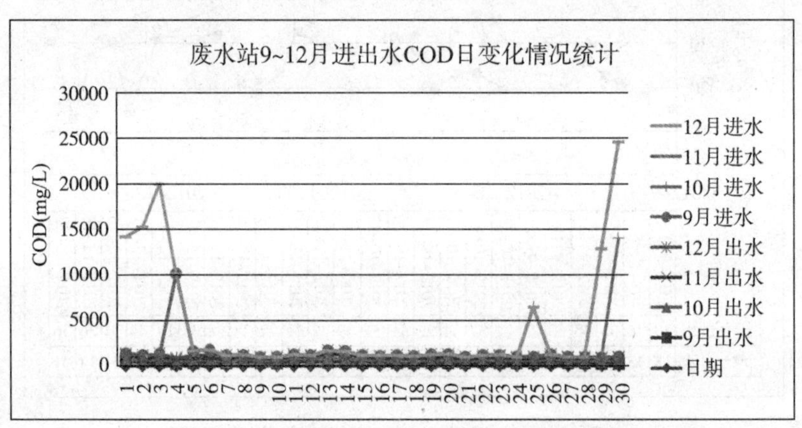

图 6-11　进水、出水 COD 变化情况

由图 6-11 可知，出水 COD 的变化范围基本维持在 10～20 mg/L 之间，而由于药用型企业的废水所含物质复杂，所以进水的 COD 变化范围比较大，经计算可以得出 COD 的去除率可为 95%～98%。在调试的几个月里，出水 COD 及去除率在不断波动中，每次波动都是在加大进水量的时候，这是因为加大了进水量，使池内的 COD 负荷加大，对微生物的冲击较大，因此微生物不适突然变化而使去除率降低。在每次波动后都在 6～7 d 时再次达到去除效果最好的点，而且每次的去除率都有一定提升。这是因为微生物在不断适应水质，选择出了适应水质的微生物，并且大量繁殖生长，所以对污水的处理效果在不断增强。前期的去除率比较高，而稳定的去除率却没有超过最初的去除率，原因在于最初进水量较小，而池容较大，废水加入后被稀释较多，出水水质较好，并不是前期微生物去除效果的真实体现。

（三）其他水质指标去除情况

该污水处理厂对进水、出水中重金属离子浓度进行了抽检，进水、出水中均检出了 Pb、Fe、Cd、Ni、Cr、Cu、Mn 等重金属离子。进水中重金属离子浓度本身较低，不存在重金属离子浓度超标排放的可能，但进水经处理后，对重金属离子仍有去除效果。由于重金属离子不可为生物所降解，废水中去除部分的重金属离子转移至污泥中。分析认为：生物处理工艺对废水中重金属离子的去除过程中，并不能通过生物作用而灭失或稳定化，仅是从水中转移至活性污泥中，总量并未减少。虽然剩余污泥中上述重金属含量均符合污泥填埋处理要求，也没有明显影响污水厂的正常运行，但仍需要对污泥富含重金属离子引起重视，防止出现重金属离子污染地下水等二次污染现象。

（四）膜生物反应系统曝气量调整

膜生物反应器的曝气量是一个影响系统运行的重要参数。曝气首要的作用是为活性污泥中的微生物降解污染物提供氧气。如果曝气量过小，微生物得不到充足的氧气进行活动，则会影响其对废水中污染物的降解；而曝气量过大，会使微生物过度氧化，絮状污泥被气泡打散，影响污泥的吸附力及微生物的活性。其次，曝气也是为了防止膜污染，通过曝气使水产生紊动，从而使膜上的沉积层脱落，保证正常的膜通量。如果曝气量过小，不能使水产生紊动，膜上的沉积层会逐渐增厚，进而降低膜通量，使出水压力更大，耗能更多，而且使膜的寿命减短；如果曝气量过大，气泡的冲击力可能会将膜丝冲断或损坏，同样对系统不利。因此，需通过不断调整得到一个最佳的曝气量参数，系统的曝气量将通过溶解氧（DO）的值表现出来。

本工程在调试阶段将溶解氧浓度控制为 2～3 mg/L，活性污泥中的微生物长势良好。在正常运行时，活性污泥区控制溶解氧为 3～4 mg/L，可保证有效的处理率，膜区的曝气量控制在 80 m^3/（m^2·h），每天连续运行 20 h，可保证有足够量的空气冲刷膜组件以减少膜污染。通过阀门配合将来自鼓风机多余的空气放至调节池，并且间歇性出水，保持膜的抽吸开启 2 min、停 2 min 的频率，在膜停抽时利用曝气冲洗膜，来保持膜通量的稳定。

七、总结

本研究将 MBR 技术与 A^2/O 工艺相结合进行了实际工程应用，建立了 A^2/O+MBR 组合技术的药用型污水深度处理工艺，并进行了实际污水站处理的设计与运行，更完整地了解和验证了 A^2/O+MBR 工艺处理药用型污水的适应性，优化了工艺运行条件和参数。主要结论如下：

得到了 A^2/O+MBR 工艺的最佳运行参数。在最佳运行工艺条件下，A^2/O+MBR 工艺对主要污染物具有良好的去除效果，此时 COD、TN 和氨氮的去除率分别达到 98.12%、50%和 91.79%，污泥沉降比控制在 50%左右，pH 为 7～8。温度对脱氮影响较小，在较低的水温下仍可保持较高的硝化及反硝化效率。在 MBR 系统中投加 PAC，通过化学除磷与生物除磷相结合，强化除磷效果。

对于 MBR 中膜污染这个问题，实验结果表明，曝气强度会显著影响膜污染程度，最佳曝气强度为 110～120m^3/（m^2·h）。采用次氯酸钠每周对膜进行一次低浓度原位化学清洗；当跨膜压差比初始压差大 0.02 MPa 时进行高浓度原位化学清洗，大概间隔三个月需要进行一次。当上述两种清洗方式达不到预期效果时，每运行 8 个月进行一次换位药剂浸泡清洗。随着工艺运行时间延续，高浓度原位化学清洗与换位药剂浸泡清洗可能会趋于频繁。工艺设计及实际运行情况表明，A^2/O+MBR 工艺对主要污染物有良好的去除效果。

MBR 工艺在以下几个方面仍有待改善：

（1）膜的抗污染能力。目前对 MBR 中膜污染防治主要集中在改进膜材料、改善混合液特性、操作参数优化、膜的清洗与再生等方面，如何更好地应用到实际工程中，还有待于长期的实际验证。

（2）经济可行性。MBR 的膜设备建设和运行成本较高，且整体工艺运行成本高于普通活性污泥法，目前国内外还没有更有效的解决方法，有待继续改进和优化工艺运行条件。

（3）受实际条件限制，本课题只对几个主要参数进行了研究，今后可以进一步考察各个单元和整体工艺的影响因素，以获得更好的处理效果。

参考文献

[1]北京东方仿真控制技术有限公司．环境工程—水处理实验仿真系统操作手册．北京．2004.03.

[2]银玉容，朱能武．环境工程实验．广州：华南理工大学出版社，2014.05.

[3]张振家．工厂废水处理站工艺原理与维护管理．北京：化学工业出版社，2003.02.

[4]章非娟．水污染控制工程实验．北京：高等教育出版社，1988.10.

[5]李兆华，胡细全，康群．环境工程实验指导书．武汉：中国地质大学出版社，2010.11.

[6]上海市环境保护局．废水物化处理．上海：同济大学出版社，1999.10.

[7]张键．环境工程实验技术．镇江：江苏大学出版社，2015.03.

[8]章非娟，徐竟成．环境工程实验．北京：高等教育出版社，2006.01.

[9]国振双，邢进，张伟光．化工原理实验指导．哈尔滨：哈尔滨地图出版社，2007.03.

[10]阮期平，陈希文，游章强，胡进耀．新编生物实验技术手册(下册)．成都：西南交通大学出版社，2010.09.

[11]王治红．化工原理实验．北京：化学工业出版社，2011.02.

[12]付海明，张吉光．实验技术．北京：中国建筑工业出版社，2007.01．

[13]李玲．化工原理实验．北京：经济科学出版社，2012.09.

[14]陈杰．无机材料科学与工程基础实验．西安：西北工业大学出版社，2010.09.

[15]胡习英，朱灵峰．环境工程实验理论与技术．郑州：黄河水利出版社，2006.08.

[16]李金龙，吕君，张浩．化工原理实验．哈尔滨：哈尔滨工程大学出版

社，2012.07.

[17]朱静平，王中琪．污水处理工程实验．成都：西南交通大学出版社，2010.01.

[18]王金梅，薛叙明．水污染控制技术．北京：化学工业出版社，2004.04.

[19]张莉，余训民，祝启坤．环境工程实验指导教程——基础型、综合设计型、创新型．北京：化学工业出版社，2011.08.

[20]北京师范大学无机化学教研室．无机化学实验(第3版)．北京：高等教育出版社，1983.09.

[21]卞文娟．环境工程实验．南京：南京大学出版社，2011.12.

[22]朱鲁生．环境科学与工程综合试验．北京：中国农业出版社，2014.11.

[23]黄刚．医用化学基础．北京：高等教育出版社，2005.07.

[24]李金城，李艳红，张琴．环境科学与工程实验指南．北京：中国环境科学出版社，2009.12.

[25]高欢．医用化学实验．北京：化学工业出版社，2005.08.

[26]孙丽欣．水处理工程应用实验．哈尔滨：哈尔滨工业大学出版社，2002.06.

[27]郭立新，巴琦．环境科学与工程专业实验．北京：兵器工业出版社，2008.11.

[28]彭党聪．水污染控制工程实践教程(第2版)．北京：化学工业出版社，2011.05.

[29]尹奇德，王利平，王琼．环境工程实验．武汉：华中科技大学出版社，2009.08.

[30]尹奇德，王琼，夏畅斌．环境工程设计性、研究性实验技术．北京：化学工业出版社，2009.07.

[31]杜长海．化工原理实验．武汉：华中科技大学出版社，2010.08.

[32]胡锋平．给水排水工程专业实验教程．北京：化学工业出版社，2010.06.

[33]彭党聪．水污染控制工程实践教程．北京：化学工业出版社，2004.06.

[34]陈泽堂．水污染控制工程实验．北京：化学工业出版社，2003.04.

[35]韩照祥．环境工程实验技术．南京：南京大学出版社，2006.12.

[36]代群威,康军利．污水处理全过程系统实践教程．北京:化学工业出版社,2014.08.

[37]李同川．化工原理实践指导．北京:国防工业出版社,2008.07.

[38]王建成,卢燕,陈振．化工原理实验．上海:华东理工大学出版社,2007.09.

[39]薛叙明．环境工程技术．北京:化学工业出版社,2002.07.

[40]高欢．医用化学实验指导．上海:第二军医大学出版社,2007.09.

[41]郭正．水污染控制技术实验实训指导．北京:中国环境科学出版社,2007.08.

[42]李秀芬．水污染控制工程实践．北京:中国轻工业出版社,2012.01.

[43]楼菊青．环境工程综合实验．杭州:浙江工商大学出版社,2009.04.

[44]王云海．水污染控制工程实验．西安:西安交通大学出版社,2013.12.

[45]章北平,陆谢娟,任拥政．水处理综合实验技术．武汉:华中科技大学出版社,2011.01.

[46]胡伟光．化学分析．北京:高等教育出版社,2006.06.

[47]黄忠臣．水环境工程实验．北京:中国水利水电出版社,2014.01.

[48]张学洪,张力,梁延鹏．水处理工程实验技术．北京:冶金工业出版社,2008.09.

附　录

一、正交实验设计常用正交表及检验统计量 F 分布表

（一）常用正交表

1. L_4（2^3）

实验号	列　号		
	1	2	3
1	1	1	1
2	1	2	2
3	2	1	2
4	2	2	1
组	1	2	

2. L_8（2^7）

实验号	列　号						
	1	2	3	4	5	6	7
1	1	1	1	1	1	1	1
2	1	1	1	2	2	2	2
3	1	2	2	1	1	2	2
4	1	2	2	2	2	1	1
5	2	1	2	1	2	1	2
6	2	1	2	2	1	2	1
7	2	2	1	1	2	2	1
8	2	2	1	2	1	1	2
组	1	2			3		

3. L_8（4×2^4）

实验号	列　　号				
	1	2	3	4	5
1	1	1	1	1	1
2	1	2	2	2	2
3	2	1	1	2	2
4	2	2	2	1	1
5	3	1	2	1	2
6	3	2	1	2	1
7	4	1	2	2	1
8	4	2	1	1	2

4. L_{16}（4^5）

实验号	列　　号				
	1	2	3	4	5
1	1	1	1	1	1
2	1	2	2	2	2
3	1	3	3	3	3
4	1	4	4	4	4
5	2	1	2	3	4
6	2	2	1	4	3
7	2	3	4	1	2
8	2	4	3	2	1
9	3	1	3	4	2
10	3	2	4	3	1
11	3	3	1	2	4
12	3	4	2	1	3
13	4	1	4	2	3
14	4	2	3	1	4
15	4	3	2	4	1
16	4	4	1	3	2
组	1	2			

5. L_9（3^4）

实验号	列　号			
	1	2	3	4
1	1	1	1	1
2	1	2	2	2
3	1	3	3	3
4	2	1	2	3
5	2	2	3	1
6	2	3	1	2
7	3	1	3	2
8	3	2	1	3
9	3	3	2	1
组	1	2		

（二）F分布表

1. F 分布表（α=5%）

Φ_2 \ Φ_1	1	2	3	4	5
1	161.4	199.5	215.7	224.6	230.2
2	18.5	19.0	19.2	19.3	19.3
3	10.1	9.6	9.3	9.1	9.0
4	7.7	6.9	6.6	6.4	6.3
5	6.6	5.8	5.4	5.2	5.1

2. F 分布表（α=1%）

Φ_2 \ Φ_1	1	2	3	4	5
1	4 052	4 999	5 403	5 625	5 764
2	98.5	99.0	99.2	99.3	99.3
3	34.1	30.8	29.5	28.7	28.2
4	21.2	18.0	16.7	16.0	15.5
5	16.3	13.3	12.1	11.4	11.0

二、各种温度下水中饱和溶解氧值

温度（℃）	溶解氧（mg/L）	温度（℃）	溶解氧（mg/L）
0	14.64	18	9.46
1	14.22	19	9.27
2	13.82	20	9.08
3	13.44	21	8.90
4	13.09	22	8.73
5	12.74	23	8.57
6	12.42	24	8.41
7	12.11	25	8.25
8	11.81	26	8.11
9	11.53	27	7.96
10	11.26	28	7.82
11	11.01	29	7.69
12	10.77	30	7.56
13	10.53	31	7.43
14	10.30	32	7.30
15	10.08	33	7.18
16	9.86	34	7.07
17	9.66	35	6.95

三、常用实验仪器使用说明

（一）超声波清洗机

1. 使用要求

（1）电源：使用符合设备规格的电源及电源线，用户方的电源回路中必须装设专用于清洗机的空气开关，以在需要的时候断开清洗机电源。本公司生产的清洗机的电源规格有以下几种：

①1₵220±10 VAC 50/60HZ，采用单相5～15 A三圆脚插头，包含一条接地线。

②3₵380±10 V 50HZ，采用三相四线制直接出线方式，五芯双绝缘电缆，包含一条接地线。

③用户配备的电源线线径必须等于或大于清洗机引线线径。

(2) 接地线：本公司生产的清洗机机体及发生器都会在其电源引线上配有专用的接地线，并有明显区分于其他电线的特征，因为本设备与水、腐蚀性（溶胀性）液体接触，易引起漏电，请按安全要求接好接地线。

(3) 设备采用不燃性洗净剂，切勿采用易燃易爆物质做洗净剂。设备的使用在必须确保远离有易燃易爆物质的场合，特殊情况下必须采用某些物质时，用户必须洽询本公司确认安全，并作好相应的安全防护。

(4) 洗净槽中无液或液位不足都会对设备造成不可逆转的破坏，使用时必须确保槽中注入足量的洗净液，否则相关的电热器、泵、超声波震子都可能损坏，并可能引起火灾及人身伤害。

(5) 电气控制箱及相关电气组件等注意不要溅入水，并远离水蒸气、腐蚀性气体、粉尘等。

(6) 设备异常时请及时与本公司联系或断开电源后由有经验的专业电工进行检查。

(7) 对要清洗的工件，请用有支脚的洗篮或挂具装挂好，置入槽中洗净。禁止将工件直接置入槽底进行洗净，否则可能引起工件及缸底的损伤。

(8) 设备作业时，机体内可能存在高温、高压、电气组件端子表面带电、传动机构的运动、压力突动等可能引起人身伤害的因素，工作时请勿打开机壳，以免在无防护条件下作业。

(9) 设备长期不用时，请放出洗净液，干燥内槽及表面后用薄膜保护好，以防止设备的腐蚀老化加快。

2. 日常维护及保养

(1) 保持设备工作场所的通风、干燥、洁净，有利于设备的长期高效运转及优化工作环境条件。

（2）洗净液过于肮脏时应及时处理，定期清理清洗槽、贮液槽内污垢，保持洗净槽内及外观的洁净，可提高洗净槽的耐用性。

（3）电气控制箱及设备通风口远离水蒸气、腐蚀性气体、粉尘，定期用压缩空气清理附着的灰尘。

（4）定期测试设备的绝缘性能。对于易老化电气组件定期检查，检查接地线，确保设备良好接地。此项目须由有专业经验的电工进行。

（5）定期测试电源，确认符合设备的电源电压要求，避开在过高或过低的不稳定电源下长期工作。

（6）带有过滤装置的设备，定期更换过滤芯。

（7）带有传动机构的，应按要求定期加注黄油、机油等润滑剂，定期更换减速机齿轮油，确保运动机件在良好润滑条件下工作。

3．故障及异常对策

（1）无超声波：检查电源、保险管。

（2）无电加热：检查电源，温度控制器设定是否在正常位置，检查相关的水位开关，检查电热器是否失效，更换失效组件。

（3）外壳带电：电热组件绝缘不良或其他组件回路接壳。更换绝缘不良组件，接好接地线。

（4）声音异常，洗净效果下降：超声波发生器或换能器异常。检查换能器引线两个端子的绝缘电阻，并拆下换能器护板，检查有无异常。

（5）声音啸叫：部分换能器不能适应缸体及水位、水温的变化。变更水位，工件出入水面时动作不要过大。

（6）保险管烧断，玻璃管内无发黑：检查电源电压，可能是过高电源电压或负载瞬间变化引起，更换相同规格保险管或稍大号的保险管。

（7）保险管烧毁，玻璃管内发黑：过电流引起，可能内部功率管或回路短路，应与本公司售后服务部联系。

（二）ZD-2型自动电位滴定仪

仪器安装连接好以后，插上电源线，打开电源开关，电源指示灯亮，经 15 分钟预热后再使用。

1. mV 测量

（1）“设置”开关置于“测量”，“pH/mV”选择开关置于“mV”。

（2）将电极插入被测溶液中，将溶液搅拌均匀后，即可读取电极电位（mV）值。

（3）如果被测信号超出仪器的测量范围，显示屏会不亮，作超载报警。

2. pH 标定及测量

（1）pH 标定：仪器在进行 pH 测量之前，先要标定，一般来说，仪器在连续使用时每天要标定一次。其步骤如下：

①“设置”开关置于“测量”，“pH/mV”开关置于“pH”。

②调节“温度”旋钮，使旋钮白线指向对应的溶液温度值。

③将“斜率”旋钮顺时针旋到底（100%）。

④将清洗过的电极插入 pH 为 6.86 的缓冲溶液中。

⑤调节“定位”旋钮，使仪器显示数与该缓冲溶液当时温度下的 pH 相一致。

⑥用蒸馏水清洗电极，再插入 pH 为 4.00（或 pH 为 9.18）的标准缓冲溶液中，调节“斜率”旋钮使仪器显示数与该缓冲溶液当时温度下的 pH 相一致。

⑦重复⑤⑥步骤，直至不用再调“定位”或“斜率”调节旋钮为止。

至此，仪器完成标定，标定结束后，“定位”和“斜率”旋钮不应再动，直至下一次标定。

（2）pH 测量：经标定过的仪器即可用来测量 pH，其步骤如下：

①“设置”开关置于“测量”，“pH/mV”开关置于“pH”。

②用蒸馏水清洗电极头部，再用被测溶液清洗一次。

③用温度计测出被测溶液的温度值。

④调节“温度”旋钮，使旋钮上的白线指向对应的溶液温度值。

⑤电极插入被测溶液中，搅拌溶液使溶液均匀后，读取该溶液的 pH。

（3）滴定前的准备工作：

①安装好滴定装置，在试杯中放入搅拌棒，并将试杯放在JB－IA型搅拌器上。

②电极的选择：取决于滴定时的化学反应。如果是氧化还原反应，可采用铂电极和甘汞电极；如属中和反应，可用 pH 复合电极（或玻璃电极）和甘汞电极；如属银盐与卤素反应，可采用银电极和特殊甘汞电极。

（4）电位自动滴定：

①终点设定：“设置”开关置于“终点”，“pH/mV”开关置于“mV”，“功能”开关置于“自动”，调节“终点电位”旋钮，使显示屏显示所要设定的终点电位值。终点电位选定后，“终点电位”旋钮不可再动。

②预控点设定：预控点的作用是当离开终点较远时，滴定速度很快；当到达预控点后，滴定速度很慢。设定预控点就是设定预控点到终点的距离。其步骤如下：“设置”开关置于“预控点”，调节“预控点”旋钮，使显示屏显示所要设定的预控点数值。例如：设定预控点为 100 mV，仪器将在离终点 100 mV 处转为慢滴。预控点选定后，“预控点”调节旋钮不可再动。

③终点电位和预控点电位设定好后，将“设置”开关置于“测量”，打开搅拌器电源，调节转速使搅拌从慢逐渐加快至适当转速。

④按一下“滴定开始”按钮，仪器即开始滴定，滴定灯闪亮，滴液快速滴下，在接近终点时滴速减慢，到达终点后滴定灯不再闪亮，过 10 秒左右终点灯亮，滴定结束。

注意：到达终点后，不可再按“滴定开始”按钮，否则仪器将认为另一极性相反的滴定开始，而继续进行滴定。

⑤记录滴定管内滴液的消耗读数。

（5）电位控制滴定：“功能”开关置于“控制”，其余操作同“电位自动滴定”。在到达终点后，滴定灯不再闪亮，但终点灯始终不亮，仪器始终处于预备滴定状态。到达终点后，不可再按“滴定开始”按钮。

（6）pH 自动滴定：

①按前述“pH 标定”进行标定。

②pH 终点设定：“设置”开关置于“终点”，“功能”开关置于“自动”，“pH/mV”开关置于“pH”，调节“终点电位”旋钮，使显示屏显示所要设定的终点 pH。

③预控点设置：“设置”开关置于“预控点”，调节“预控点”旋钮，使显示屏显示所要设置的预控点的 pH。例如，所要设置的预控点为 pH2，仪器将在离终点 pH2 左右处自动从快滴转为慢滴。其余操作同“电位自动滴定”的步骤③④。

（7）pH 控制滴定（恒 pH 滴定）：“功能”开关置于“控制”，其他操作同“pH 自动滴定”。

（8）手动滴定：

①“功能”开关置于“手动”，“设置”开关置于“测量”。

②按下“滴定开始”开关，滴定灯亮，此时滴液滴下。控制按下此开关的时间，即控制滴液滴下的数量。放开此开关，则停止滴定。

（三）UV－2102PC 型紫外可见分光光度计

1. 使用范围

UV－2102PC 型紫外可见分光光度计利用物质对不同波长光的选择吸收现象来进行物质的定性和定量分析，通过对吸收光谱的分析，判断物质的结构及化学组成，有透射比、吸光度、已知标准样品的浓度值或斜率测量样品浓度等测量方式，可供物理学、化学、医学、生物学、药物学、地质学等学科进行科学研究，是广泛应用于化工、药品、生化、冶金、轻工、材料、环保、医学化验等行业及分析行业最重要的质量控制仪器之一，是常规实验室的必备仪器。

2. 操作程序

（1）开机前，需先确认仪器样品室内是否有物品挡在光路上，光路上有阻挡物将影响仪器自检甚至造成仪器故障。

（2）接通电源，使仪器预热 20 分钟。

（3）根据需要，选择相应的测试方式，按照其操作程序进行测试。

（4）仪器使用完毕后，关闭电源，将比色皿清洗干净并放回比色皿盒中，罩上仪器防护布罩。

3. 注意事项

（1）使用仪器前要经过使用培训，得到使用许可后方可独立操作本仪器。

（2）确保仪器供电电源有良好的接地性能。

（3）仪器应放置在室温为 5～35℃、相对湿度不大于 85％的环境中工作。

（4）放置仪器的工作台应平坦、牢固、结实，不应有震动或其他影响仪器正常工作的现象。

（5）强烈电磁场、静电及其他电磁干扰都可能影响仪器正常工作，放置仪器时应尽可能远离干扰源。

（6）仪器放置应避开有化学腐蚀气体的地方。

（7）仪器应避免阳光直射。

（四）Shimadzu RF－540 荧光分光光度计

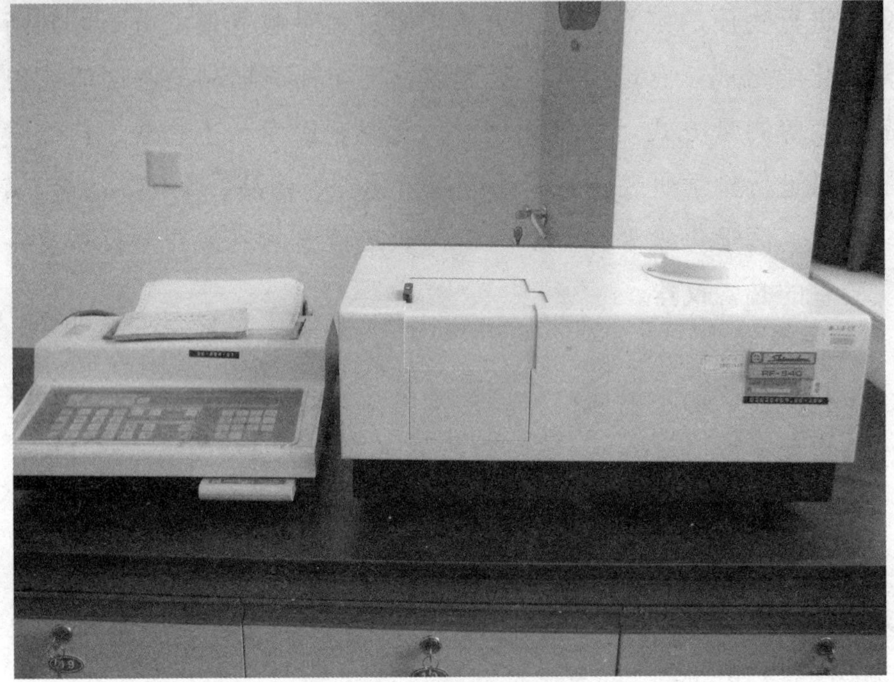

Shimadzu RF－540 由日本岛津仪器公司生产。

1. 技术指标

（1）衍射光栅条为 900 条/mm，波长扫描范围为 200～1 000 nm，

（2）波长测定范围为 200～700 nm，谱带宽为 2、5、10、20、30、40 nm六挡切换，

（3）波长精度为 2 nm，

（4）扫描速度为 5 挡切换，

（5）扫描时间为 6 挡切换，

（6）信号噪声比为 S/N＝100。

2. 应用范围

广泛应用于医药卫生、科学研究、工业、农业、考古等领域。

3. 操作步骤

（1）测定前的准备工作：

①打开稳压电源（220V　50Hz）。

②接通仪器电源及地线。

③打开仪器开关（至 ON），等“嘟嘟”声停止。

④打开氙灯。注意：拨动氙灯开关至 ON，此时手不能离开开关，待氙灯指示灯亮后方能放开，开关会自动复原。

⑤仪器初始化阶段。初始化完毕后，记录仪自动打印出“RF－540，XX”等字样，EX 显示出 350，EM 显示出 397nm，仪器自动校正完毕，可开始进行工作（一般工作前需预热 15～20 分钟）。

（2）检测方法和步骤：

①测定激发特征波长。

a. 激发、荧光选择：选择激发（EX）扫描，把 [EX | EM] 键按至 EX 侧指示灯亮。

b. 激发光起始波长调至 200 nm：按 [EX GOTO] 2，0，0 [ENTER]。

c. 设置激发单色器激发范围为 200～700 nm：按 [EX GOTO] 2，0，0 [ENTER] 7，0，0 [ENTER]。

d. 灵敏度设置在“高”上（高为“1”，低为“2”）：按 [SENSITI VITX] 2，0，0 [ENTER]。

e. 激发及发射光侧狭缝均设置在 10nm（均为“3”）：按 [SLIT] 3 [ENTER] 3 [ENTER]。

f. 调节仪器零点（如狭缝改变则需调节）：按 [CODE] 1，1 [ENTER]。

g. 纵轴坐标刻度设置在×256（“9”）：按 [ORDINATE SCALE] 9，[ENTER]。

h. 横轴坐标刻度设置在×4（“3”）：按 [ABSCISSA SCALE] 4，[ENTER]。

i. 发射单色器设定在 350 nm：按 [EX GOTO] 3，5，0 [ENTER]。

j. 扫描速度设置在“快”上（FAST）：按 [SPEED] 2 [ENTER]。

k. 按 CHART FEED 使纸送出 3～4 cm。

l. 打印设置条件表格（检查是否有误，如有误则对错项需重新设置）：按 LIST，即自动打印。

m. 试样安装：在四面磨光（十分清洁）的石英池中，倒入试样液（1×10^{-7}g/mL硫酸奎宁）至合适的高度，用柔软的纸擦净池之四壁，小心置于试样池架中。

n. 设置自动打印波峰、波长值（如无 CRF－1 程序卡，则没有该功能）：按 CODE 9，4，ENTER FILE 0，ENTER

o. 测定：按 START STOP，即在激发单色器上扫描，记录仪自动记录下谱图，并打印出各波峰的波长值。

②根据上面所得的激发波长，测发射波长。

a. 激发荧光选择：选择荧光发射。按 EX | EM 键，至 EM 侧指示灯亮。

b. 设定激发光波长为 XXX nm：按 EX GOTO X，X，X ENTER。

c. 设置荧光发射单色器发射范围为 350～500 nm：按 EM RANGE 3，5，0 ENTER 5，0，0 ENTER。

d. 发射单色器起始波长调至 350 nm：按 EM GOTO 3，5，0 ENTER。

e. 其余条件（灵敏度、狭缝、扫描速度、纵坐标及横坐标刻度等）不变，则不需重新设定。如需改变，则对改变项应重新设置。

f. 按 CHART FEED 使纸送出 3～4 cm。

g. 打印设置条件表格：按 LIST，即自动打印。

如设置条件无误，即可开始测定。

h. 设置自动打印波峰、波长值及荧光强度值：按 CODE 9，4，ENTER FILE 0，ENTER。

i. 测定。

按 START STOP，即在发射单色器上扫描，记录仪自动记录下谱图，并打印出各波峰的波长值与荧光强度值。

③关机。

a. 实验结束后，取出试样架上的样品池（四面磨光的石英池）。

b. 先关闭电源开关（至 OFF），再切断电源，并关闭稳压电源。

c. 待仪器冷却后，套上防尘罩。

d. 填写贵重仪器使用记录卡，并做好仪器周围的清洁工作。

注意：关机后如需重新开启，为保护氙灯应间隔 30 分钟才能再次打开氙灯。

（五）pH 酸度计

1. 开机

（1）电源线插入电源插座。

（2）按下电源开关，电源接通后，预热 30 分钟。

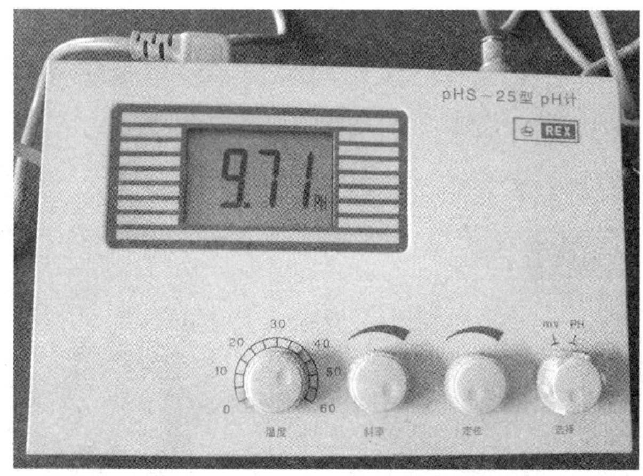

2. 标定

仪器使用前，先要标定。一般来说，仪器在连续使用时，每天要标定一次。

(1) 在测量电极插座处拔下短路插头。

(2) 在测量电极插座处插上复合电极。

(3) 把“选择”旋钮调到 pH 挡。

(4) 调节“温度”旋钮，使旋钮上的红线对准溶液温度值。

(5) 把“斜率”调节旋钮顺时针旋到底（即调到 100%位置）。

(6) 把清洗过的电极插入 pH=6.86 的标准缓冲溶液中。

(7) 调节“定位”调节旋钮，使仪器显示数与该缓冲溶液的 pH 相一致（如 pH=6.86）。

(8) 用蒸馏水清洗电极，再用 pH=4.00 的标准缓冲溶液，调节“斜率”旋钮到 pH4.00。

(9) 重复步骤（6）～（8），直至显示的数据重现时稳定在标准溶液 pH 的数值上，允许变化范围为±0.01。

注意：经标定的仪器，“定位”调节旋钮及“斜率”调节旋钮不应再有变动。标定的标准缓冲溶液第一次用 pH=6.86 的溶液，第二次应接近被测溶液的值。如被测溶液为酸性，缓冲溶液应选 pH=4.00；如被测溶液为碱性，则选 pH=9.18 的缓冲溶液。

一般情况下，在 24 小时内仪器不需要再标定。

3. 测量待测溶液的 pH

经标定过的仪器，即可用来测量被测溶液。被测溶液与标定溶液温度相同与否，测量步骤也有所不同。

(1) 被测溶液与定位溶液温度相同时，测量步骤如下：

①“定位”调节旋钮不变。

②用蒸馏水清洗电极头部，用滤纸吸干。

清洗和擦干电极

③把电极浸入被测溶液中，搅拌溶液，使溶液均匀，在显示屏上读出溶液的 pH。

④测量结束后，将电极泡在 3 mol·L^{-1} KCl 溶液中，或及时套上保护套，套内装少量 3 mol·L^{-1} KCl 溶液，以保护电极球泡的湿润。

（2）被测溶液和定位溶液温度不同时，测量步骤如下：

①“定位”调节旋钮不变。

②用蒸馏水清洗电极头部，用滤纸吸干。

③用温度计测出被测溶液的温度值。

④调节“温度”调节旋钮，使红线对准被测溶液的温度值。

⑤把电极插入被测溶液内，搅拌溶液，使溶液均匀后，读出该溶液的 pH。

（六）KDY 全自动定氮仪

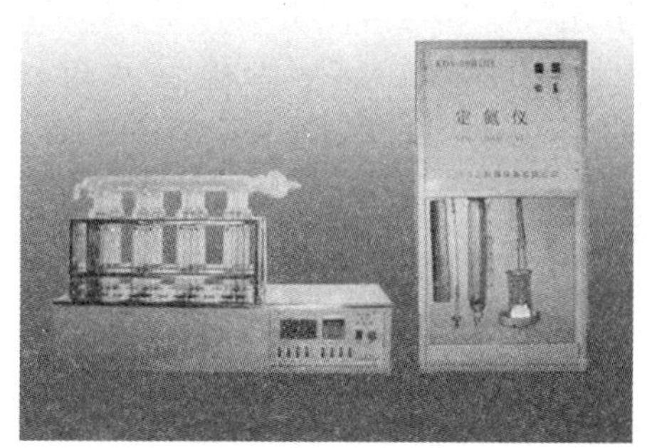

1. 操作前检查

（1）检查电压、水压应正常。

（2）检查自动蒸汽发生器里面的水应排尽。

2. 操作顺序

（1）关闭蒸汽发生器排水阀门。打开机箱电源开关，显示待机状态，打开安全门，装入一支空消煮管于托架上，打开冷水供水阀门。

（2）按手动键，进入手动工作状态，按顺序观察硼酸、碱、滴定功能是否正常。按蒸馏键，一般 15～20 min，蒸馏正常即可。按泄流键，排出光电比色器内的蒸馏液体。

（3）按启动键，关上安全门，仪器进入自动工作状态。待此过程完毕后，当仪器处于稳定工作状态时，可进行样品测定。如需要打印数据，应按打印键。

（4）测定时，依次输入所需参数，测出样品空白值。测样时，输入参数及空白值后，按启动键，关上安全门，进入自动工作状态。

（5）测定结束后，再放一支空消煮管，手动蒸馏约 8 min。关闭水源，打开排水阀。待水排尽后，打开泄流阀，待接收杯内液排完后，关闭电源开关。

3. 注意事项

（1）开机或每次复位前确定滴酸管应插入接收杯。

（2）在自动工作之前务必使整个酸管充满酸，不得有较大气泡存在。

（3）自动工作过程中，请勿将接收杯观察口打开。

（4）不得随意调节比色滴定器上的“亮度调节”与“电压调节”旋钮，不得随意调整比色器电极的高低。

（5）不得使消煮管内液面高度超过该试管的 1/3。

4. 维护保养

（1）仪器应放在通风处，有良好的散热条件，最好不要日晒。

（2）安全门内的样品室，每次测定完样品关机后应擦洗干净，不能长期积有碱液。

（3）使用一段时间后，在蒸汽发生器壳壁及加热器上结有水垢，可从发生器顶部的一个塞口处注入少量除垢剂或冰醋酸洗净，再打开机箱左下侧排水阀门把水排净，并加清水净洗（下一次使用时，可先空蒸一段时间）。

（4）严禁将液体溅在光电比色器内外表面上。比色器内的接收杯在使用一段时间后，拧下上盖螺钉打开上盖，用无水乙醇擦接收杯内表面附着物，保证杯内清洁，在清洗过程中注意不要碰损搅拌轮和光信号发射器。

（5）碱液桶、硼酸混合吸收液桶、盐酸液桶，应定期清理、清洗、查漏。

（七）高速冷冻离心机

1. 操作步骤

（1）将高速冷冻离心机转头放置于冰箱中，冷却至 8～10℃，这样有助于缩短在离心机中冷却的时间，减少离心机中压缩机的工作时间，延长压缩机寿命。

（2）打开墙壁上连接高速冷冻离心机的专用电源空压开关，打开高速冷冻离心机控制面板下的开关，接通电源。

（3）轻轻踩下高速冷冻离心机右下方的控制开关，离心机腔门将自动打开。

（4）将预冷的离心机转头放置于离心机腔内的转轴上，确保凹凸槽正确吻合。

（5）调节离心机控制面板上转头选择旋钮，确保显示屏显示 25.50。

（6）调节离心机控制面板上转速选择旋钮，选择预置的转速，确保显示屏显示预置的转速。

（7）调节离心机控制面板上温度选择旋钮，选择预置的温度，一般情况下设置 4℃，确保显示屏显示 4℃。

（8）调节离心机控制面板上加速度按钮，选择加速度，一般情况下选择 Max。

（9）调节离心机控制面板上的减速按钮，选择减速快慢，一般情况下选择 Slow，特殊要求时选择 Max。

（10）按平衡对称的原则，放置离心管于转头腔体内，旋紧转头腔体盖。

（11）关上离心机腔门，用手在腔门上的指定位置按上腔门盖。

（12）待离心机达到预置温度后，压缩机停止工作，此时按控制面板上的 START 键，离心机开始离心。

（13）待离心达到预置离心时间，离心机自动停止工作，待离心机完全停止转动后，轻轻踩下高速冷冻离心机右下方的控制开关，离心机腔门将自动打开，旋开转头盖子，取出离心管。

（14）离心工作完全结束后，关闭控制面板的电源开关和墙壁上的空压开关，取出转头。待冷到室温时，用纯棉毛巾擦干转头上的水，待离心机腔体内完全化霜后，用纯棉毛巾擦干腔体内的水。

2. 注意事项

（1）未经实验室主管许可，不得擅自使用本离心机，对违规者将按照相关规章制度进行行政和经济处罚。

（2）经常用特别配备的密封圈油膏（可接触皮肤）保养转头盖上的密封圈，用特别配备转轴油膏（不可接触皮肤）保养转轴。

3. 使用具体要求

（1）打开离心机电源开关，进入待机状态。

(2) 选择合适的转头，本机有与 1.5 mL 离心管和 5.0 mL 离心管配套的专用转头。离心时离心管所盛液体不能超过总容量的 2/3，否则液体易于溢出；使用前后应注意转头内有无漏出液体残余，应使之保持干燥；转换转头时应注意使离心机转轴和转头的卡口卡牢。

(3) 离心管平衡误差应在 0.1 g 以内。

(4) 选择离心参数：

①按速度设置按钮，用数字键设置离心速度，转头最大离心速度不能超过 26 000 rpm。

②按时间设置按钮，再用数字键设置离心时间。

(5) 将平衡好的离心管对称放入转头内，盖好转头盖子，拧紧螺丝。

(6) 按下离心机盖门。如盖门未盖牢，离心机将不能启动。

(7) 按运行键，开始离心，离心开始后（特别是高速离心时）应等离心速度达到所设的速度时才能离开。一旦发现离心机有异常（如不平衡而导致机器明显震动，或噪音很大），应立即按停止键，必要时直接按电源开关切断电源，停止离心，并找出原因。

(8) 如发现机器故障，请及时与有关人员联系。

(9) 使用结束后清洁转头和离心机腔。不要关闭离心机盖，利于湿气蒸发。

(10) 使用结束后必须登记，注明使用情况。

（八）手提式压力蒸汽灭菌器

1. 使用方法

(1) 加水。

在消毒器器身内加水至三角架平面位置。水在消毒过程中会逐渐蒸发，水面随之相应降低，因此消毒完毕若继续使用，应将水重新加足，确保水位超过电热管，防止灭菌过程中干锅。

（2）堆放。

将要消毒的物品包扎好，顺序地放置在消毒桶内的筛板上，并在包与包之间留有适当的空隙，以利于空气的逸出和蒸汽的穿透。

（3）密封。

将消毒桶放入器身内，此时水应不倒流入消毒桶内，盖上消毒器盖，注意将软管插入消毒桶槽内，盖上的螺栓紧固槽应与主体的螺栓槽对正，然后顺序地将相对方向的翼形螺母均匀旋紧，使盖与器身密合。

（4）加热。

加热时注意把电源插头插紧，使插头接电铜片与保护罩紧密接触，保证使用安全。打开排气阀，加热，当有大量蒸汽排出时，维持5分钟，使锅内冷空气完全排净。关紧排气阀门，则温度随蒸汽压力增大而上升。

（5）消毒。

当消毒器内达到所需温度范围时，适当调整热源，使它维持恒压，并开始计算消毒时间，按不同的物品和包装维持所需消毒时间。

（6）干燥。

辅料、器械和器皿等消毒后需要干燥时，可在消毒终了立即将消毒器内的蒸汽由放气阀排去，当压力表指针回复至零位后，稍待1分钟，将盖打开，并继续加热几分钟，这样能使物品达到干燥。

（7）冷却。

应首先将热源熄灭，或将消毒器从热源上移开，使它自然冷却，一般20～30分钟后就使桶内压力因冷却而下降至零位，等压力表回到零位，数分钟后将放气阀开放和打开桶盖。

2. 注意事项和维护保养

（1）应始终保证消毒器内有足够的水，确保水位超过电热管，但水过多会使辅料不易干燥。如继续使用，每次消毒完后应加水，并将消毒桶筛板下面聚积的冷凝水倒去。

（2）在消毒开始时一定要将放气阀开放，使消毒桶内空气逸去，否则得不到良好的消毒效果。

（3）使用时，操作人员不能远离现场，应经常观察压力表指示值，一旦发现压力表指示值超过0.165 MPa，而安全阀仍不能自动排气，应立即切断电源将消毒器移离热源，或请有经验的人对安全阀进行检验，或与生产厂联系。

(4) 若压力回复至零位，桶盖仍不能开启，可能是圈内部形成真空所致，此时应开启放气阀，使外界空气入内，消除真空，即能将盖开启。

(5) 压力表日久后示数不正确，应加以检修，检修后应与标准压力表对照，若仍不正常应换上新表。

(6) 平时应将消毒器保持清洁干燥，可以延长寿命。

(九) 自动液相色谱分离层析仪

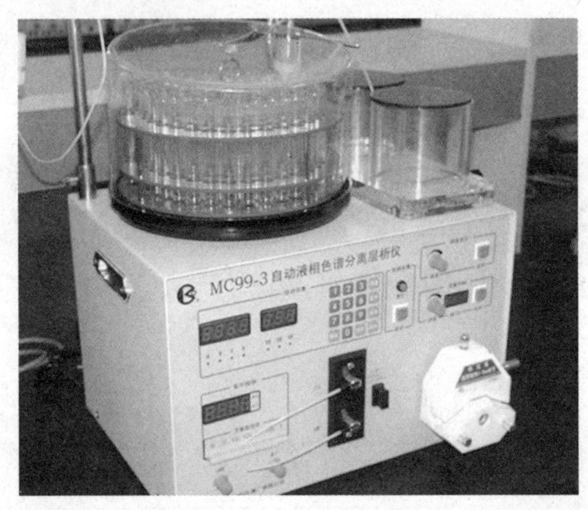

仪器型号：MC99－3。

1. 仪器用途

对具有紫外吸收的生物样品做定量分析。它具有微量样品池，进行连续检测，最后分离生物大分子，部分收集器自动收集分离的大分子。

2. 操作步骤

(1) 按要求连接仪器（检测仪、收集器、恒流泵、电脑）。

(2) 打开电源开关，仪器自动复位，仪器预热20分钟。自动收集器准备状态下，可按“预置”键，进入相应的“定时”或“定滴”等状态。调整层析参数，数据设定后，按“预置”键使数码管全显示“日”，按“定时”或“定滴”键指示灯亮，即进入定时收集状态。

(3) 恒流泵流量视层析柱大小选择合适流量，一般为1～3 mL/min。

(4) 梯度混合仪两杯之间通道内如果存有气泡，应设法除去方能使用。

打开输出阀门，根据需要的斜率，缓慢调节输出流量。

（5）检查检测仪波长是否正确，把“灵敏度”选择为“T”，调“T”为100（透光率“T”为100％），把“灵敏度”选择为“1A”（1A为常用挡，视样品出峰大小也可选其他挡），调节“调零”旋钮，使“A”为零，调整通光率T，转换成吸光度A，与电脑建立连接。通过核酸蛋白检测软件，设定参数，记录分离结果并分析。

（十）电泳仪

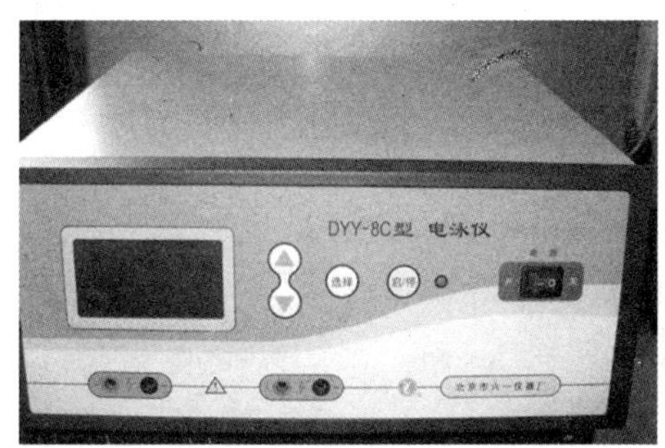

仪器型号：DYY－8C。

1. 仪器用途

电泳仪是应用电泳技术时使用的仪器。生物大分子蛋白质、核酸等在溶液中能吸收或给出氢离子而带电，在电场影响下，在不同介质下运动速度是不同的，这样用电泳的方法就可以对其进行定量分析。

2. 操作步骤

（1）确认电源符合要求后，开启仪器电源开关。

（2）此时“液晶显示屏”显示上一次工作的设定值。

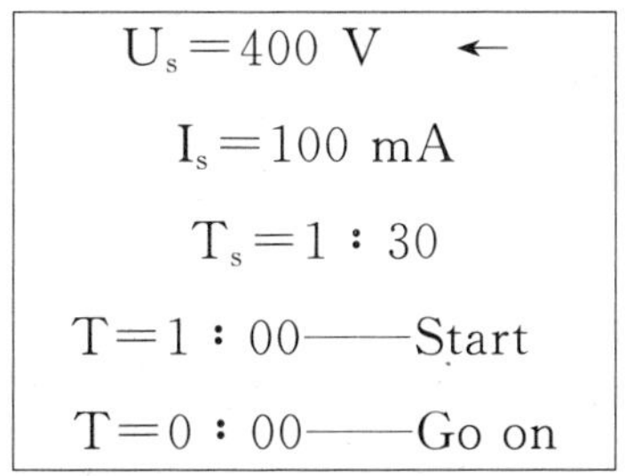

U_s＝400 V　←

I_s＝100 mA

T_s＝1：30

T＝1：00——Start

T＝0：00——Go on

（3）如要改变其数值，可按或▲或▼按键，每一次改变一个数字量。如希望快速改变，可按住按键不放松。

（4）如希望查看并设定电压、电流和定时时间，可以按“选择”键，此时←指向相应位置，同样，其数值由上下调节按键控制。

（5）设置结束后可以按“选择”键，此时←指向“Go On”相应位置，然后按“启/停”键，仪器开始运行。

（6）仪器正常输出时，若要停机可按“启/停”键，输出立刻关闭；如果继续工作，应选择“Go On”，定时时间继续累加。

（十一）Shimadzu GC－9A 气相色谱仪

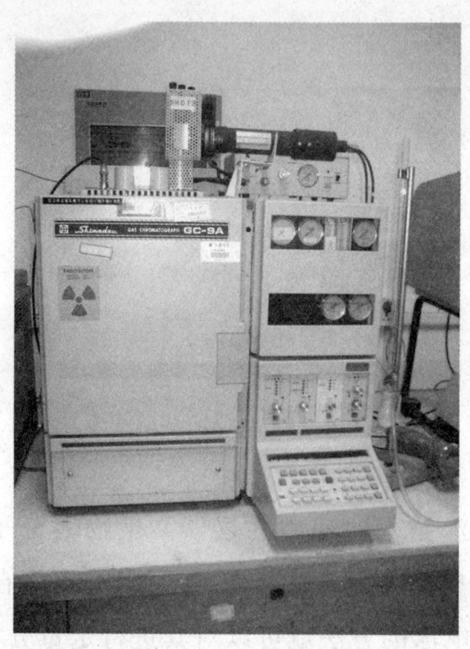

仪器型号：Shimadzu GC－9A。

生产厂家：日本岛津公司。

1. 基本操作步骤

（1）打开 N_2气（黑色钢瓶）载气：开总阀→开减压阀（顺时针拧紧）→开载气截止阀（open 气相色谱仪侧面）。

（2）调节仪器上的初级表头(PRIMARY)：顺时针旋转，至刻度 6 kg/cm^2→CARRIER 2。

（3）打开仪器：打开稳压源→打开仪器电源（右侧面 POWER ON）。

（4）设定检测器（氢火焰离子化检测器 FID）。

①选择检测器。

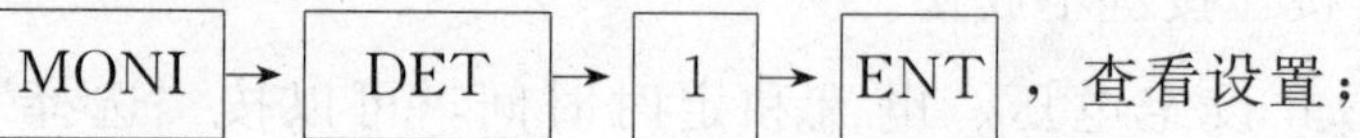
MONI → DET → 1 → ENT，查看设置；

DET → 1 → ENT ，设定仪器。

1 对应 FID 检测器，序号同仪器上的排序。

②选定量程。

RAN → 3

③选择极性。

POL → 2 → ENT

注：双柱进样，1 号进样，2 号检测。

（5）选定进样器，检测器温度 180℃。

①进样器的温度设定：

INJ/AUX. → 1 8 0 → ENT

②检测器稳定的设定：

SHIFT—D → TED/DET— → 1 8 0 → ENT

③柱室温度的设定：

COL → 1. TEMP → 6 0 → ENT

确定初始时间（3 min）：

L - TIME → 3 → ENT

设定流速（5.0 mL/min）：

COL → R. RATE → 5 → ENT

设定柱温（140℃）：

CO → F. TEMP → 1 4 0 → ENT

设定恒温时间（1 min）：

CO → F. TIME → 1 → ENT

④设定其他附件温度（0℃）：

SHIFT— → AUX—2 → 0 → INJ

（6）升温：

①复查设置的所有参数（查看压力表，载气应畅通并充满各管路），打开仪器侧面 HEAT 键。

②检查各项参数变化值：

HEAT	ON →	ENT	→	./SCAN

注：至 105℃，打开。

（7）点火：

①打开空气压缩机：调节压力至 0.5 kg/cm^2，至无噪音，打开排气扇。

②打开 H_2总阀：逆时针缓慢打开总阀→顺时针拧紧减压阀→打开安全阀（打开截止阀，右边的表头调节至 0.6 kg/cm^2）。

③准备点火：点火前使氢气压力上升至 0.9～1.0 kg/cm^2，空气压力下降至 0.1～0.2 kg/cm^2，目的是便于使火点燃。

④点火：用点火枪金属部位靠近点火口，若有水汽（冷凝水）产生则表示火已点燃。

⑤使压缩空气用量回升至 0.5 kg/cm^2，使氢气压力下降至0.6 kg/cm^2，再次检查火焰是否点燃，防止火焰熄灭。

⑥打开数据处理机，记录开机时间（确保开机 15 分钟后操作）。

（8）进样分析。

（9）关机：

①关闭数据处理机。

②关 H_2总阀，待 H_2燃烧尽后关加热开关。

③使机器进样口的温度降至 100℃。

④关掉载气钢瓶主阀，让残余载气慢慢流完，关闭载气的其他控制开关。

⑤关闭主机电源，关稳压源及总电源。

2. 注意事项

（1）进样时要求注射器垂直于进样口，左手扶着针头以防弯曲，右手拿注射器，食指卡在注射器芯和管的交界处，这样就可以避免当进针到气路中由于载气压力较高把芯顶出，影响进样。

(2) 注射器取样时，应先用被测试液洗涤 5～6 次，然后缓慢抽取一定量试液。若仍有空气带入注射器内，可将针头朝上，轻轻敲注射器管，待空气排尽后，再排除多余试液即可，用滤纸擦净针头。

(3) 进样时要求操作稳当、连贯、迅速，进针位置、进针速度、针尖停留和推出速度都会影响进样重现性，一般要求进样相对误差为 2%～5%。

(4) 要注意经常更换进样器上的硅橡胶密封垫片。该垫片经 10～20 次穿刺进样后，气密性降低，容易漏气。

图书在版编目（CIP）数据

水处理实验技术实验指导书 / 李宝，邱继彩主编．-- 济南 ：山东人民出版社，2016.10
ISBN 978-7-209-10020-5

Ⅰ．①水… Ⅱ．①李… ②邱… Ⅲ．①水处理－实验－高等学校－教材 Ⅳ．①TU991.2-33

中国版本图书馆CIP数据核字(2016)第265972号

水处理实验技术实验指导书
李 宝　邱继彩　主编

主管部门　山东出版传媒股份有限公司
出版发行　山东人民出版社
社　　址　济南市胜利大街39号
邮　　编　250001
电　　话　总编室（0531）82098914
　　　　　市场部（0531）82098027
网　　址　http://www.sd-book.com.cn
印　　装　日照报业印刷有限公司
经　　销　新华书店

规　　格　16开（184mm×260mm）
印　　张　14.25
字　　数　260千字
版　　次　2016年10月第1版
印　　次　2016年10月第1次
印　　数　1-800
ISBN 978-7-209-10020-5
定　　价　32.00元